Bibliografische Information der Deutschen Nationalbibliothek:

Die Deutsche Bibliothek verzeichnet diese Publikation in der Deutschen Nationalbibliografie; detaillierte bibliografische Daten sind im Internet über http://dnb.d-nb.de/ abrufbar.

Impressum:

Druck und Bindung: Books on Demand GmbH, Norderstedt Germany
ISBN: 9783640553051

Dieses Buch bei GRIN:

http://www.grin.com/de/e-book/146019/ernaehrungsmanagement-bei-patient-innen-mit-cystischer-fibrose-nach-einer

Kornelia Scheiblauer

Ernährungsmanagement bei Patient/innen mit Cystischer Fibrose nach einer Lungentransplantation

GRIN Verlag

AKADEMIE FÜR DEN DIÄTDIENST UND ERNÄHRUNGSMEDIZINISCHEN BERATUNGSDIENST

AM ALLGEMEINEN KRANKENHAUS DER STADT WIEN

DIPLOMARBEIT

Ernährungsmanagement bei Patient/innen mit Cystischer Fibrose nach einer Lungentransplantation

Verfasserin: Kornelia SCHEIBLAUER

Jahrgang 2006 – 2009

Wien, am 11. Mai 2009

Abstract

In dieser hermeneutischen Arbeit wird die Bedeutung von gezielten ernährungstherapeutischen Interventionen nach einer Lungentransplantation bei Patient/innen mit Cystischer Fibrose (CF) untersucht.

Anhand von Fachliteratur sowie experimentellen und klinischen Humanstudien wird der aktuelle Wissensstand zum Ernährungsmanagement bei CF erhoben sowie die Situation von CF-Kranken sowohl vor als auch nach einer Lungentransplantation aus diätetischer Sicht betrachtet.

Dabei soll im Besonderen der Einfluss einer Lungentransplantation auf den Ernährungszustand des Betroffenen untersucht werden. Weiters werden in der Arbeit mögliche ernährungsrelevante postoperativ auftretende Folgen und Komplikationen nach einer CF-Lungentransplantation aufgeworfen und die Notwendigkeit von daraus folgenden diätetischen Interventionen soll geprüft werden.

Nach Prüfung der gesammelten Erkenntnisse kann gesagt werden, dass die Prognose und Überlebenszeit von CF-Betroffenen nach einer Lungentransplantation wesentlich von deren prä- als auch postoperativem Ernährungszustand mitbestimmt wird. Dieser ist wiederum abhängig von zahlreichen Faktoren. Gezielte ernährungstherapeutische Interventionen scheinen daher einen zentralen Stellenwert in der Betreuung von lungentransplantierten CF-Patient/innen einzunehmen und sind dringend anzuraten.

Inhaltsverzeichnis

Abbildungsverzeichnis

Tabellenverzeichnis

Abkürzungsverzeichnis

Begriff	Erklärung
ATM	α-1-Antitrypsinmangel-bedingtes Lungenemphysem
BMI	Body-Mass-Index
BMR	basale metabolische Rate
BOS	Bronchiolitis-obliterans-Syndrom
CF	Cystische Fibrose
CFTR	cystic fibrosis transmembrane conductance regulator
COPD	chronisch obstruktive Lungenerkrankung
DIOS	distales intestinales Obstruktionssyndrom
FAQ	Fettabsorptionsquotient
FEV_1	forciertes exspiratorisches Einsekundenvolumen
GÖR	gastroösophagealer Reflux
HLA	human leukocyte antigen
IPF	idiopathische Lungenfibrose
IPHT	idiopathische pulmonale Hypertonie
IRT	immunreaktives Trypsinogen
ISHLT	International Society for Heart and Lung Transplantation
IU	international units
LSG	Längensollgewicht
PEG	perkutane endoskopische Gastrostomie
PEJ	perkutane endoskopische Jejunostomie
Re-TX	Retransplantation

Einleitung

Noch vor wenigen Jahrzehnten starben Patient/innen mit Cystischer Fibrose (CF) üblicherweise schon in der Kindheit. Dank der ständigen Weiterentwicklung der therapeutischen Möglichkeiten haben Betroffene heute eine Lebenserwartung von bis zu über 40 Jahren. Nach wie vor existiert jedoch keine kausale Behandlungsmethode. Knapp 90 % aller CF-Kranken sterben letztlich an ihrer fortschreitenden Lungenerkrankung. Deren Progression aufzuhalten sowie die Aufrechterhaltung einer möglichst guten Lebensqualität sind daher die vorrangigen Ziele der Betreuung dieser Patientengruppe.

Die individuelle Betreuung durch ein interdisziplinäres Team aus Mediziner/innen, Physiotherapeut/innen, Sozialarbeiter/innen sowie Diätolog/innen ist bei der Cystischen Fibrose mittlerweile State of the Art (vgl. Medical Tribune 2005a).

Durch die eingangs erwähnte verbesserte Prognose der Betroffenen steigt insbesondere die praktische Relevanz der Ernährungstherapie bei CF-Kranken immer weiter. Mit der steigenden Lebenserwartung erhöht sich jedoch auch das Risiko des/der einzelnen CF-Patienten/in für eine mangelhafte Nährstoffversorgung, so dass der Prävention einer Mangelernährung, der Überwachung des Ernährungszustandes und der gezielten Intervention eine zunehmend wichtigere Bedeutung zukommt (vgl. Reinhardt et al. 2001, 471).

Dennoch wurde gerade der postoperativen Ernährungstherapie nach einer CF-Lungentransplantation bislang nicht immer eine entsprechende Bedeutung beigemessen. Aus verschiedenen Studien geht jedoch hervor, dass diätetische Aspekte in der Betreuung von lungentransplantierten CF-Kranken durchaus nicht zu vernachlässigen sind.

In dieser Arbeit soll untersucht werden, inwieweit ernährungstherapeutische Maßnahmen nach einer CF-Lungentransplantation den Ernährungs- und Gesundheitszustand des/der Patienten/in beeinflussen und deren Einsatz notwendig ist.

Die Forschungsfrage zu diesem Thema lautet daher:

Inwiefern sind gezielte ernährungstherapeutische Interventionen bei Patient/innen mit Cystischer Fibrose nach einer Lungentransplantation notwendig?

Hinter dieser Fragestellung steht folgende Hypothese:

Gezielte ernährungstherapeutische Interventionen bei Patient/innen mit Cystischer Fibrose nach einer Lungentransplantation sind dringend notwendig.

Ziel dieser Arbeit soll es sein, Kriterien bzw. Richtlinien für die diätologische Betreuung von lungentransplantierten CF-Betroffenen zu schaffen. Im Sinne einer Behandlung der beschriebenen Problematik gilt es, das Bewusstsein zu schaffen, dass ernährungstherapeutische Interventionen bei Patient/innen mit Cystischer Fibrose auch nach der lebensverlängernden Lungentransplantation sinnvoll sind. Die Arbeit soll auch als Basis und Unterstützung im Praxisalltag für Berufskolleg/innen dienen.

Methodik und Aufbau

Zur Untersuchung der Fragestellung wird eine hermeneutische Arbeitsmethodik gewählt. Zu Beginn werden die Grundlagen der Cystischen Fibrose anhand von Fachliteratur dargestellt. Diese wurde ebenfalls herangezogen, um den aktuellen Wissensstand zur Ernährung bei CF zu erheben sowie um den Bereich der Transplantationsmedizin näher zu beleuchten.
Als zweiter Schritt werden experimentelle und klinische Humanstudien, welche in erster Linie die Ernährungssituation und den Ernährungszustand von CF-Patient/innen nach einer Lungentransplantation sowie mögliche unerwünschte Folgen und Nebenwirkungen in der postoperativen Phase untersuchen, herangezogen. Die Recherche erfolgte über die Online-Datenbanken Pub Med und The Cochrane Library. Verwendet wurden Suchbegriffe wie cystic fibrosis, lung transplantation, nutrition, malnutrition.

Die Arbeit thematisiert im ersten Kapitel Epidemiologie, Diagnose, pathophysiologische Grundlagen, Verlauf und Therapiemöglichkeiten der Cystischen Fibrose. Im zweiten Kapitel werden die Ernährungssituation von CF-Kranken sowie die aktuellen Empfehlungen für den Energie- und Nährstoffbedarf bei CF dargestellt. Weiters folgt ein kurzer Abriss über den Bereich der Lungentransplantationsmedizin – mit besonderem Fokus auf die Transplantation bei Cystischer Fibrose. Das vierte Kapitel stellt den eigentlichen Forschungsteil dieser Arbeit dar und beschäftigt sich mit den nach einer Lungentransplantation möglicherweise auftretenden ernährungsrelevanten Komplikationen sowie den daraus folgenden gezielten diätetischen Interventionen in der Betreuung von lungentransplantierten CF-Patient/innen. Hier werden vor allem experimentelle und klinische Humanstudien erörtert. Anschließend werden die Ergebnisse dieser Arbeit zusammengefasst und es erfolgt die Beantwortung der Forschungsfrage.

Aufgrund der erleichterten Lesbarkeit der Arbeit wird in den folgenden Ausführungen ausschließlich die männliche Form personenbezogener Hauptwörter verwendet. Frauen und Männer werden jedoch gleichermaßen angesprochen.

1 Cystische Fibrose

1.1 Epidemiologie und Genetik

Die Cystische Fibrose (CF) oder Mukoviszidose ist die häufigste angeborene und frühletale Stoffwechselerkrankung der weißen Bevölkerung Europas und den USA. Sie tritt mit einer Erkrankungshäufigkeit von etwa 1 : 2000 Geburten auf.

CF wird durch einen autosomal-rezessiv vererbten Gendefekt, welcher eine Mutation des so genannten „cystic fibrosis transmembrane conductance regulator“ (CFTR) auf Chromosom 7 auslöst, verursacht. Durch diesen Gendefekt kommt es zu einer falschen Proteinbildung und dadurch einem gestörten intrazellulären Transport des CFTR-Proteins an die Zelloberfläche oder – je nach Mutation – zu einer fehlerhaften Proteinzusammensetzung, einer gestörten Proteinsynthese bzw. einer reduzierten Leitfähigkeit des CFTR-Proteins.

Über defekte Chloridkanäle werden hochvisköse Sekrete in allen exokrinen Drüsen des Körpers (Bronchialsystem, Pankreas, Gallenwege, Darm, Gonaden) gebildet, wodurch es zur Obstruktion der Drüsenausführungsgänge mit zystisch-fibröser Umwandlung der befallenen Organe kommt.

Bis heute sind mehr als 1000 Mutationen bekannt. Die häufigste Mutation – ΔF 508 – führt zur klassischen Manifestation mit pulmonaler und abdominaler Beteiligung (vgl. Hartig et al. 2004, 589/Koletzko 2007, 388).

1.2 Diagnose

Die Diagnose CF wird in der Regel – wenn kein Neugeborenenscreening vorhanden ist – bereits im Säuglings- oder frühen Kindesalter nach dem Auftreten der typischen Symptomatik mit Hilfe des Schweißtests oder einer Genuntersuchung gestellt. Weitere diagnostische Möglichkeiten bieten die Nasenpotentialmessung sowie die Rektumbiopsie (vgl. Hartig et al. 2004, 590)

In Österreich existiert bereits seit Ende der 1960er-Jahre ein flächendeckendes Neugeborenenscreening, das seit 1. November 1997 auch eine Untersuchung hinsichtlich CF beinhaltet. Eine Blutabnahme aus der Ferse des Säuglings bildet die Grundlage für das Neugeborenenscreening und findet in der Regel zwischen dem 3. und 6. Lebenstag statt. Dieser so genannte IRT (Immunreaktives Trypsinogen)-Test beruht auf dem Nachweis

erhöhter Trypsinogenwerte im Serum von Säuglingen mit CF. Bei einem auffälligen IRT-Befund wird die Untersuchung innerhalb von 2 Wochen wiederholt. Ist auch dieser IRT-Wert erhöht, sollte ein Schweißtest durchgeführt werden, welcher die endgültige Diagnose sichert (vgl. Eichler/Stöckler-Ipsiroglu 2001, 1312ff).
Der Schweißtest nach Gibson und Cooke ist nach wie vor das wichtigste Instrument zum Beweis einer Mukoviszidose. Im nativen Schweiß wird dabei der Gehalt an Natrium und Chlorionen bestimmt (vgl. Dockter/Lindemann 2000, 17).

Eine frühzeitige Diagnose ist unerlässlich für die rasche Einleitung einer adäquaten Therapie, um pulmonalen Funktionseinschränkungen sowie einer sich entwickelnden Mangelernährung vorzubeugen.

Unter der Voraussetzung, dass die CF-verursachenden Mutationen beider Elternteile bekannt sind, ist es auch möglich, eine zuverlässige pränatale Diagnose zu stellen. Diese soll jedoch erst nach ausführlichen Aufklärungs- und Beratungsgesprächen erfolgen (vgl. Reinhardt et al. 2001, 186ff).

1.3 Pathophysiologie

Eine Reduktion der Chlorid-Kanäle bzw. eine Verminderung der Leitfähigkeit für Chlorid, bedingt durch den Defekt in der Proteinstruktur, führt zu den charakteristischen Sekretveränderungen der exokrinen Drüsen bei CF. Betroffen sind alle Körperzellen, funktionell wirkt sich der Defekt jedoch nur auf die Zellen exkretorischer Organe aus. Es kommt zu einer abnormen viskösen Zusammensetzung der Sekrete von Pankreas, Bronchialdrüsen, Drüsen des Verdauungstraktes und anderer muköser Drüsen, welche mit einer krankhaften Steigerung des Natrium- und Chlorgehaltes im Schweiß einhergeht (vgl. Koletzko 2007, 388/Sitzmann 2007, 291).

1.3.1 Pulmonale Manifestation

Die zähe Konsistenz der Sekrete zieht besonders in der Lunge schwerwiegende anatomische Veränderungen nach sich. Es kommt unter anderem zu Verstopfungen der kleinen Bronchien, obstruktiven Emphysemen, Pneumonien, eitrigen Bronchitiden sowie Bronchiektasen. Die

Atemfunktion wird zunehmend eingeschränkt, was schließlich zur Ateminsuffizienz mit pulmonaler Hypertonie und Rechtsherzdekompensation (Cor pulmonale) führt, die als hauptsächliche Todesursache bei CF-Patienten anzusehen ist (vgl. Koletzko 2007, 388ff).

1.3.2 HNO-Manifestation

Bei einem Großteil der Betroffenen ist der obere Respirationstrakt in Form einer Pansinusitis, bei etwa 30 % in Form einer Polyposis nasi mitbeteiligt. Bei rund der Hälfte aller CF-Patienten liegt eine behindere Nasenatmung vor (vgl. Letze et al. 2003, 1062).

1.3.3 Gastrointestinale Manifestation

Die meisten gastrointestinalen Symptome und Komplikationen bei Cystischer Fibrose werden durch eine verminderte Sekretion von Chloridionen und Flüssigkeit in das Darmlumen verursacht.

Bei etwa 6 bis 20 % aller Neugeborenen mit CF wird ein Mekoniumileus diagnostiziert. Durch den erhöhten Proteinanteil (85 % anstatt 7 % bei „normalem" Mekonium) staut sich das CF-Mekonium im terminalen Ileum und führt so zu einer Obstruktion des proximalen Dünndarms sowie zu einem Megakolon (vgl. Reinhardt 2004, 980f).

Nach der Neugeborenenperiode kommt es häufig zum so genannten Mekoniumileus-Äquivalent, dem distalen intestinalen Obstruktionssyndrom (DIOS). Hier stauen sich im Bereich des terminalen Ileums oder Colon ascendens verhärtete Stuhlmengen, die zu Obstipation und starken Schmerzen führen (vgl. Koletzko 2007, 391).

Etwa ein Drittel aller CF-Patienten entwickelt eine chronische Obstipation, welche sich in Form von krampfartigen Bauchschmerzen, harten, unregelmäßigen Stühlen sowie Defäkationsproblemen äußern kann.

Unabhängig von der Altergruppe tritt bei rund einem Viertel der Betroffenen gastroösophagealer Reflux – bedingt durch inadäquate Relaxationen des unteren Ösophagussphinkters – auf (vgl. Reinhardt 2004, 982).

Weitere mögliche gastrointestinale Symptome der CF sind der Rektumprolaps sowie die fibrosierende Kolonopathie. Der Rektumprolaps kommt typischerweise bei unbehandelten CF-Kindern unter 5 Jahren vor und äußert sich durch das akute Herausstülpen des Rektums

durch den Anus. Die Ursachen sind nicht vollkommen geklärt, werden jedoch vor allem dem starken Drücken bei der Defäkation sowie dem ständigen Hustenreiz zugeschrieben.
Bei der fibrosierenden Kolonopathie handelt es sich um lokalisierte Strikturen oder Fibrosierungen des Darms mit Pflastersteinrelief der Mukosa. Die Darmwand weist eine chronische Entzündungsreaktion auf und ist über 2 Millimeter verdickt. Als Ursache konnten extrem hoch dosierte Enzympräparate mit weit über 10.000 Lipaseeinheiten/kg KG/Tag beobachtet werden (vgl. Lentze et al. 2003, 1072/Reinhardt 2004, 983).

1.3.4 Beteiligung des Pankreas

Bereits rund 50 % der Neugeborenen und etwa 80 % der einjährigen CF-Patienten weisen eine exokrine Pankreasinsuffizienz auf. Klinische Symptome hierfür sind massige, übelriechende, fettglänzende Stühle. In weiterer Folge kommt es zu Hypalbuminämie mit oder ohne Ödeme sowie Gedeihstörungen bis hin zur Atrophie (vgl. Lentze et al. 2003, 1069/Reinhardt 2004, 984).
Mit zunehmendem Alter steigt bei CF die Inzidenz einer endokrinen Pankreasinsuffizienz. In seltenen Fällen tritt bereits im Kindesalter ein Diabetes mellitus auf, hingegen sind rund 30 % aller adoleszenten und erwachsenen Patienten davon betroffen. Die progrediente Pankreasparenchymzerstörung führt zu einer verzögerten Insulinfreisetzung und schließlich zu einem absoluten Insulinmangel. Der Beginn des Diabetes mellitus ist oft schleichend, charakteristische Symptome sind Gewichtsverlust, Müdigkeit, Polyurie und Polydipsie (vgl. Reinhardt 2004, 984).

1.3.5 Beteiligung der Leber und Gallenwege

Durch die hohe Expression des CFTR-Proteins in den Gallenwegen ist das Spektrum der hepatobiliären Komplikationen bei CF sehr weit. Diese Erkrankungen umfassen (vgl. Reinhardt 2004, 985/Lentze et al. 2003, 1070):

- fettige Degeneration der Leber (20–80 %)
- fokale, biliäre Leberzirrhose (25–50 %)
- multilobuläre, biliäre Leberzirrhose (5–25 %)
- portale Hypertension mit oder ohne Ösophagusvarizen (2 %)

- Aszites (< 2 %)
- Enzephalopathie (< 2 %)

Extrahepatische Gallenwegs- und Gallenblasenerkrankungen sind in etwa 10 bis 50 % der Fälle zu beobachten. Eine Mikrogallenblase findet sich bei rund einem Drittel aller CF-Patienten und ist auf eine Obstruktion des Ductus cysticus zurück zu führen. Cholesterinsteine können in der Gallenblase (Cholecystolithiasis) bzw. im proximalen Gallengangssystem (Cholelithiasis) lokalisiert sein.
Stenosen im distalen Gallengangssystem (10–33 %) sowie eine sklerosierende Cholangitis (ca. 1 %) entstehen durch Abflussbehinderungen bedingt durch fibrotische Veränderungen in der Wand des Ductus hepaticus communis (vgl. Reinhardt 2004, 985ff).

1.3.6 Weitere häufige Organmanifestationen

Der abnorme Verlust von Natrium-Chlorid – vor allem durch starkes Schwitzen – führt unbehandelt häufig zu einer hypochlorämischen Alkalose, welche durch Hyponatriämie, Hypokaliämie und metabolische Alkalose gekennzeichnet ist. Dieses so genannte Salzverlustsyndrom kann sowohl akut in Form eines Kollapses als auch chronisch auftreten.
Aufgrund der Malabsorption sowie des chronischen pulmonalen Infektes lässt sich bei rund 30 bis 60 % der Betroffenen ein Eisenmangel beobachten.
Bei fast 100 % der männlichen CF-Patienten besteht durch das Fehlen des Vas deferens eine Sterilität. Frauen dagegen sind – bedingt durch einen verdickten Zervikalschleim und eine verminderte Ovulationstätigkeit – fakultativ infertil (vgl. Reinhardt 2004, 992ff).

Die wichtigsten klinischen Manifestationsformen der Cystischen Fibrose sind in Abbildung 1 noch einmal im Überblick zusammengefasst:

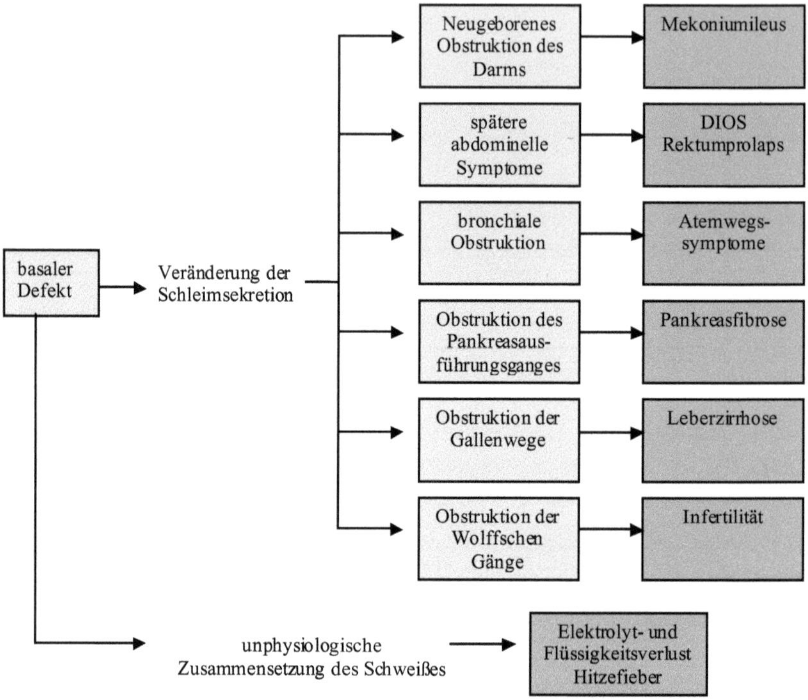

Abbildung 1: *Klinische Manifestationsformen der Cystischen Fibrose (vgl. Koletzko 2007, 390)*

1.4 Verlauf und Prognose

Der Verlauf der Cystischen Fibrose ist zu 90 % vom Ausmaß der Lungenbeteiligung sowie vom Ernährungszustand abhängig. Charakteristisch ist ein sehr heterogener Krankheitsverlauf, der von der CFTR-Mutation und Umwelteinflüssen bestimmt wird. Das Fortschreiten der Krankheit sowie die Organbeteiligungen lassen sich individuell sehr unterschiedlich beobachten.

Eventuelle Folgen der Grunderkrankung stellen auch schubweise oder chronisch auftretende Arthritis sowie Osteopenie und Osteoporose – möglicherweise bedingt durch ein reduziertes

Knochenwachstum im Kindesalter und eine verstärkte Knochenresorption im frühen Erwachsenenalter – dar.

Die durchschnittliche Lebenserwartung ist in den letzten Jahrzehnten deutlich angestiegen und liegt in Europa bei rund 32 Jahren, während sie zum Zeitpunkt der Erstbeschreibung der CF durch Fanconi im Jahr 1936 noch unter 2 Jahren lag. Für ab dem Jahr 2000 geborene Patienten wird die mittlere Überlebenszeit laut dänischen und britischen Daten auf 40 bis 50 Jahre prognostiziert (vgl. Lentze et al. 2003, 1069/Reinhardt et al. 2001, 471/Reinhardt 2004, 967, 993).

1.5 Therapie

Die Therapiemaßnahmen bei CF sind sehr umfassend und sollen lebenslang durchgeführt werden. Im Vordergrund stehen dabei die Erhaltung der Lungenfunktion sowie des Normalgewichtes.
Zur Basis der Behandlung der pulmonalen Manifestation gehören neben einer Antibiotika- und Inhalationstherapie auch intensive physiotherapeutische Maßnahmen sowie eine individuell abgestimmte Ernährungstherapie. Bei fortschreitender Erkrankung stellt auch die Lungentransplantation eine akzeptable Maßnahme dar (vgl. Lentze et al. 2003, 1064ff/Reinhardt et al. 2001, 259).

Sowohl die ernährungstherapeutischen Interventionen bei CF als auch die Grundlagen der Lungentransplantation werden in den folgenden Kapiteln näher betrachtet.

2 Ernährung und Cystische Fibrose

„Ein guter Ernährungszustand ist ein bedeutender prognostischer Faktor für die Morbidität und Mortalität bei CF-Patienten. Ziel der Ernährungstherapie ist daher die Vorbeugung bzw. frühzeitige Behandlung einer Mangelernährung zur Steigerung der Vitalität, Belastbarkeit und Lebensqualität." (Hirche/Wagner 2008, 38)

2.1 Malnutrition bei CF

Gemäß dem Bericht Qualitätssicherung Mukoviszidose 2007 waren 27,8 % aller deutschen CF-Patienten im Jahr 2005 mangelernährt. Der Begriff Mangelernährung wurde hierbei definiert ab einem Längensollgewicht (LSG) von < 90 % bei den Unter-18-Jährigen sowie ab einem Body-Mass-Index (BMI) von < 19 kg/m^2 bei den erwachsenen Patienten (vgl. Stern et al 2007, 36ff).

In der folgenden Tabelle sind die Stufen der Mangelernährung bei Kindern und Erwachsenen im Überblick ersichtlich:

	LSG (Kinder)	**BMI (Erwachsene)**
Normalgewicht	90 – 110 %	19,0 – 24,9
Untergewicht	85 – 89 %	18,5 – 18,9
Leichte Malnutrition	80 – 84 %	17,0 – 18,4
Mäßige Malnutrition	75 – 79 %	16,1 – 16,9
Schwere Malnutrition	< 75 %	< 16,0

Tabelle 1: *Beurteilung des Ernährungszustandes im Kindes- und Erwachsenenalter (vgl. Hirche/Wagner 2008, 23, 38)*

Laut europäischen und amerikanischen Konsensus-Leitlinien können BMI Referenzwerte nur begrenzt zur Bewertung von Untergewicht herangezogen werden. Die Werte wurden zur Beurteilung von Übergewicht entwickelt und werden bei pubertierenden Jugendlichen mit dysproportioniertem Wachstum möglicherweise falsch interpretiert (vgl. Sinaasappel et al. 2002, 53/Borowitz et al. 2002, 248).

Neuere Publikationen hingegen konnten in der Zwischenzeit aufzeigen, dass durch die Verwendung von BMI-Perzentilen bei Kindern mit CF eine klinisch relevante Mangelernährung besser bestimmt werden kann als durch die Berechnung des Längensollgewichtes. Durch das Eintragen der BMI-Werte in geschlechtsspezifische BMI-Kurven ist es möglich, die Entwicklung der Patienten genau zu verfolgen und darüber hinaus frühzeitige Prognosen – in Hinblick auf eine drohende Mangelernährung – abzugeben (vgl. Hirche/Wagner 2008, 26).

Bedingt ist die häufig auftretende Malnutrition bei CF-Patienten einerseits durch Energieverluste, andererseits durch eine ungenügende Energiezufuhr sowie einen erhöhten Energieverbrauch (vgl. Reinhardt 2004, 990).

2.1.1 Energieverluste

Energieverluste entstehen hauptsächlich über den Stuhl durch die exokrine Pankreasinsuffizienz, welche bei etwa 80 bis 90 % aller CF-Patienten zu beobachten ist. So gehen bei etwa einem Drittel dieser Patienten mehr als 20 % der zugeführten Nahrungsfette trotz therapeutischer Enzymsubstitution ungenutzt verloren. Dafür verantwortlich sind neben dem Mangel an Pankreassekreten unter anderem auch niedrige intraluminale Konzentrationen an Gallensäuren sowie eine erschwerte Nährstoffabsorption durch vermehrte intestinale Sekretbarrieren.

Erhebliche energetische Verluste sind zusätzlich über die vermehrte Absonderung von Sputum oder – bei diabetischen Patienten – durch eine chronische Glukosurie gegeben (vgl. Reinhardt 2004, 990/Reinhardt et al. 2001, 473).

2.1.2 Ungenügende Energiezufuhr

Die Ursachen für eine ungenügende Energiezufuhr bei CF sind vielfältig. Viele Patienten leiden unter Inappetenz, welche sich durch eine schlechte Lungenfunktion, Infektionen, gastrointestinale Beschwerden oder chronische hypochlorämische Alkalose begründen lässt.

Weitere mögliche Gründe für eine verminderte Nahrungszufuhr sind psychische Depressionen, Konfliktsituationen (zB. zwischen Eltern und Kind) sowie andere psychosoziale Stressfaktoren (vgl. Reinhardt 2004, 990/Reinhardt et al. 2001, 473).

2.1.3 Erhöhter Energieverbrauch

Im Gegensatz zur häufig zu geringen Energiezufuhr ist der Energiebedarf von CF-Patienten meist deutlich erhöht. Die wesentlichste Ursache hierfür ist die vermehrte Atemarbeit bei akuter oder fortgeschrittener Lungenerkrankung. Weiters ist ein gesteigerter Energieumsatz durch ineffektive Stoffwechselwege (so genannte „futile cycles“) bei Patienten mit schwerer Leberschädigung zu beobachten.

In Abhängigkeit vom Genotyp konnte zudem eine Erhöhung des Ruheenergieumsatzes bei CF-Patienten nachgewiesen werden.

Auch vielfach eingesetzte therapeutische Maßnahmen – wie etwa die Inhalation – steigern den Energieverbrauch um rund 10 % (vgl. Reinhardt et al. 2001, 473f/Hartig et al. 2004, 590).

Die folgende Abbildung zeigt den schwer zu durchbrechenden Circulus vitiosus, welcher sich bei CF-Patienten durch oben genannte Aspekte häufig entwickelt:

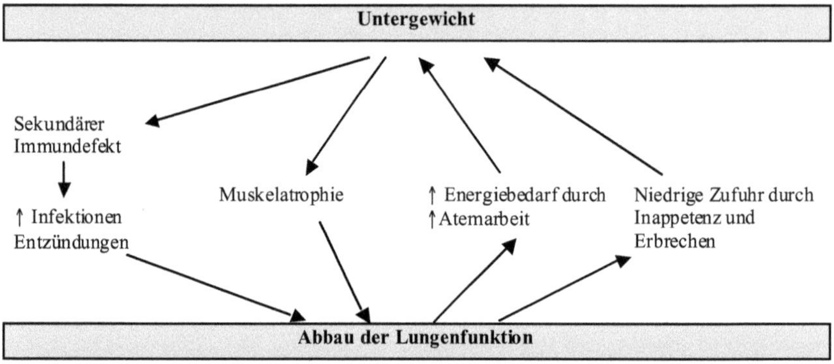

Abbildung 2: *Schema zur gegenseitigen Beeinflussung von Untergewicht und pulmonaler Insuffizienz (vgl. Reinhardt et al. 2001, 474)*

2.2 Energie- und Nährstoffbedarf bei CF

Basis der Ernährung bei Cystischer Fibrose ist eine fettreiche und hochkalorische Kost, die bis zu 150 % der Empfehlungen der DACH-Referenzwerte für Gesunde Ernährung abdeckt. Besonders bei fortgeschrittener Lungenfunktionseinschränkung, die mit zunehmender

Inappetenz einhergeht, sind die Patienten oft nicht in der Lage, diesen gesteigerten Energiebedarf adäquat abzudecken (vgl. AWMF 2005).

Die bedarfsgerechten Zufuhrempfehlungen bei CF hinsichtlich Energie sowie Makro- und Mikronährstoffe werden im Folgenden näher betrachtet.

2.2.1 Energie

Der tägliche Energiebedarf von CF-Patienten unterliegt erheblichen individuellen Schwankungen und ist unter anderem von körperlichen und therapeutischen Aktivitäten, vor allem jedoch von der respiratorischen Funktion, abhängig. Optimalerweise wird der tatsächliche Energiebedarf mittels direkter oder indirekter Kalorimetrie bestimmt, allerdings steht diese Methode in der Praxis nicht immer zur Verfügung (vgl. Dockter/Lindemann 2000, 122).

Daher bietet sich zur Schätzung des Energiebedarfs von CF-Patienten eine Formel von Ramsey et al. an, bei welcher Alter, Geschlecht, Gewicht und Lungenfunktion berücksichtigt werden. Nach Formeln der Weltgesundheitsorganisation wird dabei die basale metabolische Rate (BMR) berechnet:

Alter	weiblich	männlich
0 – 3 Jahre	61,0 x Gewicht – 51	61,9 x Gewicht – 54
3 – 10 Jahre	22,5 x Gewicht + 499	27,7 x Gewicht + 495
10 – 18 Jahre	12,2 x Gewicht + 746	17,5 x Gewicht + 651
18 – 30 Jahre	14,7 x Gewicht + 496	15,3 x Gewicht + 679
30 – 60 Jahre	8,7 x Gewicht + 829	11,6 x Gewicht + 879

***Tabelle 2**: Gleichungen zur Berechnung der basalen metabolischen Rate (vgl. Reinhardt et al. 2001, 479)*

Der tägliche Energieumsatz ergibt sich aus der Multiplikation der BMR mit einem krankheitsspezifischen Faktor, welcher sich wiederum aus Aktivitätsfaktor und Lungenfunktionsfaktor zusammensetzt:

Energieumsatz = BMR x (Aktivitätsfaktor + Lungenfunktionsfaktor)

Der Aktivitätsfaktor beträgt bei immobilen Patienten 1,3, bei mäßiger körperlicher Aktivität 1,5 und bei normal aktiven Patienten 1,7.
Für den Lungenfunktionsfaktor (FEV_1 = forciertes exspiratorisches Einsekundenvolumen) werden je nach verbleibender Lungenfunktion folgende Werte angenommen:

- 0,1 bei $FEV_1 \geq 80$ % (normale Lungenfunktion)
- 0,2 bei FEV_1 40–79 % (mäßig eingeschränkte Lungenfunktion)
- 0,3 bei $FEV_1 < 40$ % (schwere Lungenfunktionseinschränkung)

Bei zusätzlich bestehender Steatorrhoe (Fettabsorptionsquotient FAQ < 0,93) wird der Energiebedarf folgendermaßen berechnet:

Energiebedarf = Energieumsatz x (0,93/FAQ)

Bestehen keine Fettverluste über den Stuhl (FAQ ≥ 0,93) entspricht der nach Ramsey et al. berechnete Energieumsatz dem täglichen Energiebedarf (vgl. Reinhardt et al. 2001, 479f/Ramsey et al. 1992, 108ff).

2.2.2 Fett

Der Fettbedarf in der Ernährung von CF-Patienten ist deutlich erhöht und sollte rund 40 % der Tagesgesamtenergiemenge betragen, wobei auch ein hoher Anteil an mehrfach ungesättigten Fettsäuren – besonders an Omega-3-Fettsäuren – erwünscht ist.
Die essentiellen, mehrfach ungesättigten Fettsäuren in Serum- und Gewebelipiden von CF-Patienten sind – bedingt durch die oft allgemein beeinträchtigte Fettresorption – häufig vermindert (vgl. Reinhardt et al. 2001, 476ff).
Obwohl keine generellen Empfehlungen zur Substitution von Omega-3-Fettsäuren vorliegen, konnten aktuelle Studien Hinweise darauf finden, dass dessen regelmäßige Gabe Vorteile für CF-Patienten haben könnte. Omega-3-Fettsäuren scheinen einen antiinflammatorischen Effekt bei CF zu haben und dieser wiederum könnte einen positiven Einfluss auf den Verlauf der Erkrankung haben (vgl. Hirche/Wagner 2008, 53/McKarney et al. 2009, 7).

Um eine ausreichende Zufuhr an mehrfach ungesättigten Fettsäuren zu gewährleisten, ist ein reichlicher Verzehr von pflanzlichen Ölen, Seefischen sowie Nüssen – gegebenenfalls auch eine Substitution in Form von Fischölkapseln – erwünscht (vgl. Reinhardt et al. 2001, 479).

Bei Vorliegen einer exokrinen Pankreasinsuffizienz mit Steatorrhoe ist eine Ersatztherapie mit mikroverkapselten Enzympräparaten indiziert, um eine Normalisierung bzw. Verbesserung der Fettverdauung und –resorption zu gewährleisten. Die erforderliche Dosis variiert zwischen 500 und 4000 IU (international units) Lipase pro g Nahrungsfett. Eine genaue Dosisanpassung erfolgt üblicherweise unter Kontrolle der Gewichtsentwicklung sowie der Stuhlfettausscheidung. 10000 IU Lipase pro kg Körpergewicht und Tag sollen zur Vermeidung einer fibrosierenden Kolonopathie jedoch nicht überschritten werden (vgl. Hirche/Wagner 2008, 36/Lentze et al. 2003, 1070).

2.2.3 Eiweiß

Empfehlungen für die Proteinzufuhr bei CF-Patienten sind in der vorliegenden Literatur nicht näher beschrieben.
Die Eiweißzufuhr richtet sich daher im Großen und Ganzen nach den DACH-Referenzwerten und beträgt bis zu 20 % der Tagesgesamtenergiemenge. Zu berücksichtigen sind die unterschiedlichen Werte für die einzelnen Altersgruppen (vgl. DACH-Referenzwerte für die Nährstoffzufuhr 2001, 35ff).

2.2.4 Kohlenhydrate

Durch den erhöhten Fettanteil in der Ernährung von CF-Patienten ergibt sich eine empfohlene Kohlenhydratzufuhr von rund 40 bis 45 % der Tagesgesamtenergiemenge (vgl. Hirche/Wagner 2008, 38).
Auch nach Manifestation eines Diabetes mellitus ist weiterhin eine fettreiche hochkalorische Kost angezeigt. Empfohlen wird nur der Verzicht auf gezuckerte Getränke, eine kohlenhydratmodifizierte „Diabeteskost“ ist obsolet (vgl. Hartig et al. 2004, 591).

2.2.5 Mikronährstoffe

Neben einer negativen Energiebilanz entwickeln CF-Patienten häufig auch eine Mangelversorgung mit einzelnen Mikronährstoffen. Solche Defizite können aus einer quantitativ oder qualitativ ungenügenden Nahrungszufuhr resultieren, sind jedoch überwiegend Folgeerscheinungen der Malabsorption (vgl. Reinhardt et al. 2001, 474).

Fettlösliche Vitamine:
Die Resorption fettlöslicher Vitamine erfolgt gemeinsam mit anderen Nahrungsfetten unter Mitwirkung von konjugierten Gallensäuren. Ein Mangel an den lipidlöslichen Vitaminen A, D, E und K ist daher bei CF-Patienten immer gegeben. Die Absorption der Vitamine ist nicht nur durch die meist vorhandene exokrine Pankreasinsuffizienz vermindert, sondern auch durch eine eventuell auftretende Verarmung an Gallensäuren. Fettlösliche Vitamine sind daher generell zu supplementieren (vgl. Reinhardt et al. 2001, 475).

Die folgende Tabelle zeigt die Empfehlungen zur Substitution von lipidlöslichen Vitaminen aus den aktuellen europäischen und US-amerikanischen Konsensus-Leitlinien von 2002:

	Altersgruppe	Vitamin A (IU)	Vitamin E (IU)	Vitamin D (IU)	Vitamin K (mg)
US Consensus-Report	0 – 12 Monate	1500	40 – 50	400	0,3 – 0,5
	1 – 3 Jahre	5000	80 – 150	400 – 800	0,3 – 0,5
	4 – 8 Jahre	5000 – 10000	100 – 200	400 – 800	0,3 – 0,5
	> 8 Jahre	10000	200 - 400	400 - 800	0,3 – 0,5
European Consensus Report	individuelle Anpassung an das Alter	4000 – 10000	100 - 400	400 - 800	1 – 1,4

***Tabelle 3**: Empfehlung zur Substitution lipidlöslicher Vitamine (vgl. Hirche/Wagner 2008, 54)*

Wasserlösliche Vitamine:
Die Versorgung mit wasserlöslichen Vitaminen ist bei CF-Patienten in der Regel nicht gestört. Eine Ausnahme stellt Vitamin B_{12} dar, dessen Resorption von der exokrinen Pankreasfunktion abhängig ist. Unter adäquater Enzymtherapie zeigt sich jedoch meist kein Substitutionsbedarf. Eine generelle Vitamin B_{12}-Supplementation wird nur nach erfolgter Resektion des terminalen Ileums notwendig (vgl. Reinhardt et al. 2001, 475).

Auch bezüglich Vitamin C gibt es bisher keine Empfehlung zur Substitution. Dies ist allerdings umstritten, da mittlerweile verschiedene Arbeiten – darunter Back et al. (2004) – einen deutlichen Vitamin-C-Mangel, der insbesondere bei älteren CF-Patienten ausgeprägt ist, aufzeigen konnten (vgl. Hirche/Wagner 2008, 54/Back et al. 2004, 380).

Mineralstoffe und Spurenelemente:
In der vorliegenden Literatur finden sich keine allgemein verbindlichen Richtlinien für die Substitution von Mineralien und Spurenelementen.
Durch die hohe Elektrolytkonzentration in den Sekreten von CF-Patienten kann es vor allem durch vermehrtes Schwitzen bei großer Hitze, starker körperlicher Anstrengung oder im Krankheitsfall zu erheblichen Verlusten an Natrium und Chlorid kommen. Vor allem für Säuglinge besteht dadurch die Gefahr einer hypochlorämischen Alkalose, so dass auf eine ausreichende zusätzliche Natriumchlorid-Supplementierung geachtet werden muss (vgl. Reinhardt et al. 2001, 477).
Frühzeitig muss auch auf eine ausreichende Calciumzufuhr geachtet werden, da sich ein Mangel an Calcium und Vitamin D negativ auf die Knochenmineralisation auswirkt und daher einen hohen Risikofaktor für Osteopenie und Osteoporose darstellt (vgl. Dockter/Lindemann 2000, 127).
Nicht selten ist bei CF-Patienten ein Eisenmangel – bedingt durch inadäquate Zufuhr, Malabsorption sowie chronisch pulmonale Infekte – zu beobachten. In diesen Fällen ist eine therapeutische Eisensubstitution indiziert (vgl. Reinhardt 2004, 992).
Bei schwerer Malnutrition in Verbindung mit hepatobiliären Komplikationen finden sich häufig auch erniedrigte Serumspiegel an Zink, Kupfer, Selen und Magnesium. Diese Mängel lassen sich häufig alleine durch eine ausgewogene Kost und Verbesserung der Resorptionsleistung vermeiden bzw. beheben, sollten jedoch keinesfalls unbeachtet bleiben und nötigenfalls auch mit gezielter Substitution behandelt werden (vgl. Dockter/Lindemann 2000, 127).

Beim Auftreten von Ernährungsdefiziten ist es empfehlenswert, einen vom europäischen und US-amerikanischen Konsensus-Komitee entwickelten strategischen Stufenplan anzuwenden. Diese hier nicht näher beschriebenen Maßnahmen reichen von der präventiven und therapeutisch intensivierten Ernährungsberatung über den Einsatz von oralen Supplementen zur Energie- und Nährstoffanreicherung bis hin zum invasiven Ernährungssupport, welcher bevorzugt mittels perkutaner endoskopischer Gastrostomie (PEG) oder – bei Bedarf – mittels perkutaner endoskopischer Jejunostomie (PEJ) erfolgt (vgl. Sinaasappel et al. 2002, 54/Borowitz et al. 2002, 255).

3 Die Lungentransplantation

Während der letzten 2 Jahrzehnte hat sich die Lungentransplantation zu einem akzeptierten Therapiekonzept für Patienten mit benignen Lungenerkrankungen im Endstadium entwickelt.
Dem aktuellen Report der International Society for Heart and Lung Transplantation (ISHLT) ist zu entnehmen, dass im Jahr 2006 weltweit 2.168 einseitige sowie doppelseitige (bilaterale) Lungentransplantationen durchgeführt wurden.
Die weltweit erste langfristig erfolgreiche einseitige Lungentransplantation wurde 1983 in Toronto, Kanada durchgeführt. 1986 folgte die erste erfolgreiche doppelseitige Lungentransplantation (vgl. Krukemeyer 2006, 149/Christie et al. 2008, 957).

3.1 Allgemeines zur Lungentransplantation

Lungentransplantationen werden grundsätzlich einseitig bzw. doppelseitig oder als kombinierte Herz-Lungen-Transplantationen durchgeführt.
Doppellungentransplantationen werden in der Regel bei Patienten mit chronischer Infektsituation in der erkrankten Lunge, wie etwa bei Cystischer Fibrose oder Bronchiektasen, bevorzugt. Bei Einzellungentransplantationen besteht in solchen Fällen die Gefahr, dass die Erkrankung auf das Transplantat übergreift (vgl. Krukemeyer 2006, 151).
Patienten nach doppelseitiger Lungentransplantation haben einen langfristigen Überlebensvorteil gegenüber Patienten mit einseitiger Transplantation, weswegen die Anzahl der bilateralen Eingriffe in den letzen Jahren deutlich angestiegen ist. Eine Einzellungentransplantation ist unter Umständen bei Patienten in besonders schlechtem Allgemeinzustand vorzuziehen, da diese Methode wesentlich weniger invasiv ist und das Operationsrisiko somit geringer einzustufen ist (vgl. Krukemeyer 2006, 151, 164).

Laut ISHLT-Report 2008 liegt die 5-Jahres-Überlebensrate nach Lungentransplantationen bei 51 %, das 10-Jahres-Überleben wird mit 28 % beziffert. Dabei ist kein Vorteil für Männer oder Frauen ersichtlich. CF-Patienten überleben in den ersten 5 Jahren postoperativ am besten, während Patienten mit idiopathischer Lungenfibrose das schlechteste Überleben zeigen.
Die Datenbank der ISHLT umfasst derzeit 25.950 Patienten von Transplantationszentren in der ganzen Welt (vgl. Christie et al. 2008, 957ff).

3.2 Indikationsstellungen

Mit 36 % stellt das Lungenemphysem aufgrund einer chronisch obstruktiven Lungenerkrankung (COPD) den Hauptanteil der Indikationsstellungen für eine Lungentransplantation. Es folgen die idiopathische Lungenfibrose (IPF) mit 20 % sowie Cystische Fibrose mit 16 %. Das α-1-Antitrypsinmangel-bedingte Lungenemphysem (ATM) führt bei 8 % der Patienten, die idiopathische pulmonale Hypertonie (IPHT) bei rund 4 % zur Lungentransplantation. Auch können weitere Infekt- oder Systemerkrankungen ein Lungenversagen und somit eine Transplantationspflichtigkeit verursachen. Der Anteil der Retransplantationen (Re-TX) am Indikationsspektrum beträgt etwa 2 %. Der Erhebungszeitraum für diese Daten lag zwischen Januar 1995 und Juni 2007. (vgl. Christie et al. 2008, 958f/Krukemeyer 2006, 150).

Die oben genannten Indikationen für eine Lungentransplantation sind in der folgenden Abbildung zusammenfassend dargestellt:

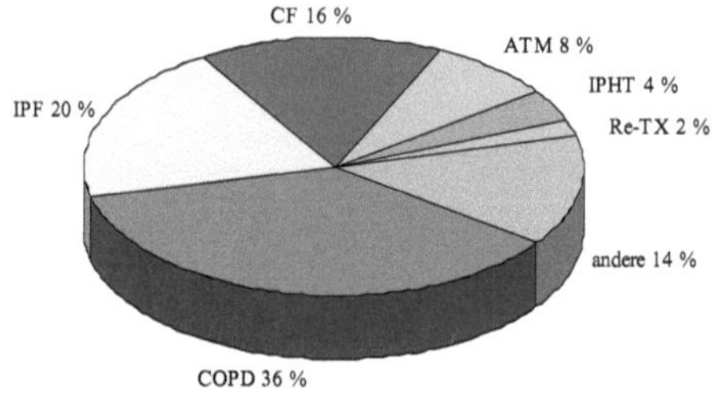

Abbildung 3: *Verteilung der Indikationen für Lungentransplantationen (vgl. Krukemeyer 2006, 150)*

3.5 Lungentransplantation bei CF

„Die Lungentransplantation hat sich mittlerweile von einem experimentellen Vorgehen zu einer etablierten Therapie entwickelt und nimmt einen festen Platz in der Behandlung der respiratorischen Insuffizienz bei CF ein." (Reinhardt et al. 2001, 491)

Die Bedeutung der Cystischen Fibrose als Indikation zur Lungentransplantation hat in den letzten 20 Jahren sowohl bei Kindern als auch bei Erwachsenen kontinuierlich zugenommen. Mit 60 bis 70 weltweit durchgeführten Eingriffen pro Jahr ist die Lungentransplantation bei Kindern weitaus weniger üblich als bei Erwachsenen. Allerdings entfallen rund 40 % der Operationen im Kindesalter auf CF-Patienten, bei den Erwachsenen sind dies etwa 35 %.
Die bevorzugt eingesetzte Methode bei CF ist die bilaterale Lungentransplantation, seltener wird auch die kombinierte Herz-Lungen-Transplantation durchgeführt. Als ungeeignet bei Cystischer Fibrose gilt die einseitige Transplantation, da die entzündliche Erkrankung auf das Transplantat übergreifen könnte (vgl. Aurora 2007, 46/Reinhardt et al. 2001, 491f).

3.5.1 Indikationen

Bezüglich der Indikation zur Lungentransplantation bei CF-Patienten liegen Empfehlungen verschiedener internationaler Fachgesellschaften vor. Weiters wurden von einem Konsensus-Komitee – bestehend aus Transplantationschirurgen, CF-Ärzten, Internisten, Pädiatern und Immunologen – Richtlinien ausgearbeitet, wann bei CF-Patienten eine Aufnahme auf die Warteliste erwogen werden soll. Dabei werden der Krankheitsverlauf sowie die bisherige Therapie kritisch evaluiert (vgl. Reinhardt et al. 2001, 492).
Laut Aurora (2007) besteht die Indikation zur Lungentransplantation bei Patienten mit CF-abhängiger terminaler respiratorischer Insuffizienz, deren Lungenfunktionsparameter und Lebensqualität trotz maximaler medizinischer Therapie ständig abnehmen. Ein Eingriff wird in der Regel erwogen, wenn

- der Patient ohne Transplantation eine Lebenserwartung von 2 Jahren oder weniger hat
- der Patient über eine geringe Lebensqualität verfügt, welche durch die Operation voraussichtlich gesteigert werden kann

- keine spezifischen Kontraindikationen vorhanden sind
- der Patient vollständig über das Prozedere aufgeklärt ist und eingewilligt hat

Patienten mit einer verbleibenden Lungenfunktion von 30 % oder weniger und einem schlechten Ernährungsstatus sowie einer geringen körperlichen Aktivitätstoleranz sollen demnach in Hinsicht auf eine Transplantation geprüft werden.
Die Beurteilung der Lebensqualität ist besonders bei Kindern schwierig, da keine allgemein gültigen Maßstäbe für die Bewertung dieser in der Kindheit vorliegen. Üblicherweise werden dabei die Krankenhausaufenthaltsdauer, der Bedarf an Sauerstoff und Antibiotika, die körperlichen Leistungen sowie die Fähigkeiten des Kindes zur Teilnahme an Alltagsaktivitäten geprüft und abgewogen (vgl. Aurora 2007, 46f).

3.5.2 Kontraindikationen

Es existieren einige absolute Kontraindikationen für Lungentransplantationen bei Cystischer Fibrose sowie eine Reihe von relativen Kontraindikationen, welche von Fall zu Fall individuell abzuwägen sind.
Die folgende Tabelle zeigt sowohl die absoluten als auch die relativen Kontraindikationen für eine CF-Lungentransplantation (vgl. Aurora 2007, 47):

Absolute Kontraindikationen	Relative Kontraindikationen
Aktive maligne Erkrankungen	Vorangegangene Thorax-Operationen
Infektion mit Hepatitis B oder C	Hochdosierte Langzeittherapie mit Kortikosteroiden
HIV-Infektion	Psychosoziale Schwierigkeiten
Tuberkulose	HLA (human leukocyte antigen)-Sensibilisierung
Ernste psychiatrische Erkrankungen	Infektion mit Burkolderia cenocepacia
Schwere akute Erkrankungen	Multiresistente nichttuberkulöse Mykobakterien-Infektion
Beatmungspflichtige respiratorische Insuffizienz	Hochgradige Osteoporose
Schwere andere Organschädigungen	Leichte andere Organschädigungen

Tabelle 4*: Kontraindikationen für Lungentransplantationen (vgl. Aurora 2007, 47)*

Eine weitere ernst zu nehmende relative Kontraindikation – und somit in einigen Transplantationszentren durchaus einen Ablehnungsgrund – stellt eine schwere Malnutrition mit einem BMI von unter 17 kg/m^2 dar. CF-Patienten mit einem BMI von unter 18 kg/m^2 haben auch ohne chirurgische Intervention ein erhöhtes Risiko, innerhalb der nächsten 12 Monate zu sterben.

Ein Diabetes mellitus ist nicht als Kontraindikation für eine Transplantation anzusehen, allerdings muss er präoperativ sehr gut eingestellt sein (vgl. Reinhardt et al. 2001, 493).

Grundsätzlich ist das Spektrum der Kontraindikationen für Lungentransplantationen bei CF schwierig zu definieren, da die Indikationsstellung in hohem Maße von der Erfahrung des jeweiligen Transplantationszentrums abhängt (vgl. Krukemeyer 2006, 153).

3.5.3 Ergebnisse und Lebensqualität

Die Prognose nach der Lungentransplantation ist für Kinder sowie für jugendliche bzw. erwachsene Patienten gleich. Das transplantierte Organ zeigt kein Auftreten der Mukoviszidose. Bei einem komplikationslosen Verlauf liegt die Lungenfunktion der Betroffenen ein Jahr nach der Operation bei rund 70 bis 80 % (vgl. Lentze et al. 2003, 1066/Reinhardt et al. 2001, 518).

Die Ergebnisse bei CF-Kranken vergleichen sich positiv mit denen von Patienten mit anderen Lungenerkrankungen. Als einer der Gründe dafür wird das Alter der Patienten zum Zeitpunkt der Operation angesehen. CF-Betroffene sind mit durchschnittlich 24 Jahren deutlich jünger als Transplantierte mit anderen pulmonalen Grunderkrankungen. Rund ein Viertel der lungentransplantierten CF-Patienten ist unter 18 Jahren.

Einen besonders hohen Risikofaktor für die postoperative Prognose stellt der Ernährungsstatus der Patienten vor der Transplantation dar. Madill et al. konnten etwa aufzeigen, dass mangelernährte Patienten mit einem BMI von unter 17 kg/m^2 ein 4-fach höheres Mortalitätsrisiko innerhalb der ersten 90 Tage nach dem Eingriff haben als normalgewichtige Patienten (vgl. Madill et al. 2001, 294).

Auch weitere Arbeiten weisen auf den hohen Stellenwert des präoperativen Ernährungszustandes hinsichtlich Outcome und Prognose nach CF-Lungentransplantationen hin (vgl. Hadjiliadis 2007, 1228/Dosanjh 2002, 388f).

Neben den patientenbezogenen Risikofaktoren wird das Ergebnis nach der Transplantation unter anderem vor allem auch durch die Erfahrung des Transplantationszentrums, den Zustand des Transplantats sowie die immunologische Übereinstimmung zwischen Spenderorgan und Empfänger beeinflusst (vgl. Reinhardt et al. 2001, 494).

Verschiedene Studien konnten aufzeigen, dass die Lebenserwartung sowie die Lebensqualität von CF-Patienten nach einer Lungen- oder Herz-Lungen-Transplantation deutlich gesteigert werden können (vgl. Aurora 2007, 50/Gerbase et al. 2005, 1377).
Der Großteil der Transplantierten kehrt nach dem Eingriff ins Berufsleben und zu den Alltagsaktivitäten zurück. Viele Betroffene geben außerdem an, dass sie diese Maßnahme wieder wahrnehmen würden und empfehlen sie auch anderen Patienten (vgl. Dockter/Lindemann 2000, 91).

4 Ernährungsmanagement und CF-Lungentransplantation

Nach der CF-Lungentransplantation wird die Prognose des Patienten wesentlich von dessen Ernährungszustand mitbestimmt (vgl. Kasper 2004, 502).

Weiterhin sind eine adäquate hochkalorische Ernährung sowie die Substitution von fettlöslichen Vitaminen und Pankreasenzymen erforderlich.

Unmittelbar postoperativ erhalten die Patienten bei entsprechender Indikation eine hyperkalorische Kost mittels Nasogastralsonde, perkutaner endoskopischer Gastrostomie (PEG) oder perkutaner endoskopischer Jejunostomie (PEJ). Bei der Nahrungszufuhr über eine gastrale Sonde ist es erforderlich, zusätzlich Pankreasenzyme oral in Form von Mikropellets oder als Granulat durch den Sondenschlauch zu substituieren. Die enterale Ernährung ist grundsätzlich zu bevorzugen, wird diese jedoch nicht toleriert, ist in dieser Phase eine parenterale Nahrungszufuhr notwendig. Aufgrund des erhöhten Risikos einer Darmzottenatrophie sowie einer Infektion des zentralen Venenkatheders bei totaler parenteraler Ernährung soll in der postoperativen Phase so rasch als möglich der Übergang zur oralen Ernährung angestrebt werden (vgl. Reinhardt et al. 2001, 496, 515).

Aufgrund der nach wie vor verminderten Nährstoffresorption und der körperlich stark belastenden Physiotherapie nach einer Lungentransplantation haben die Patienten auch weiterhin einen erhöhten Energiebedarf. Dem gegenüber stehen jedoch der oft vorhandene Appetitmangel, die verstärkte Medikamenteneinnahme sowie – vor allem in der postoperativen Anfangsphase – die häufig durchgeführten Bronchoskopien. Nicht zuletzt muss auch der Faktor Zeit bei dieser sehr intensiven Gesamttherapie berücksichtigt werden (vgl. Altenburg 2006, 283).

> *„Eine maßgeschneiderte Ernährungsstrategie ist damit ein eminent wichtiger Kofaktor zur Erzielung einer zufrieden stellenden körperlichen Rehabilitation und sollte daher keinesfalls unterschätzt werden.“* (Krukemeyer 2006, 305)

Die vorrangigen Ziele einer Ernährungstherapie bzw. einer diätetischen Beratung von lungentransplantierten CF-Patienten umfassen daher (vgl. Altenburg 2006, 283):

- Erreichen bzw. Stabilisieren eines ausreichenden Körpergewichtes durch eine hohe Energiezufuhr

- Prävention von Mangelerscheinungen durch eine ausgewogene Ernährung
- Vorbeugung der Manifestation bzw. Verschlimmerung der Osteoporose durch ausreichende Vitamin D- und Kalziumzufuhr
- adäquate Pankreasenzymsubstitution sowie
- gegebenenfalls eine gute Einstellung des Diabetes mellitus durch Insulintherapie

Die nachfolgenden Kapiteln dieser Arbeit beschäftigen sich ausführlich mit den möglichen Auswirkungen der Lungentransplantation auf den Ernährungszustand von CF-Patienten sowie mit ernährungsrelevanten Problemstellungen, welche im Rahmen einer Lungentransplantation bei Cystischer Fibrose häufig auftreten können.

4.1 Auswirkung der Lungentransplantation auf den Ernährungsstatus

Ein Großteil der CF-Patienten nimmt nach der Lungentransplantation bei gleicher Nahrungsmenge infolge der besseren Verwertung der Nährstoffe mehr als 10 % an Körpergewicht zu (vgl. Reinhardt et al. 2001, 515).
Auch Singer et al. (2003) konnten in einer Studie zeigen, dass eine Gewichtszunahme nach der Transplantation häufig auftritt. Sie führen dies auf den insgesamt verbesserten Gesundheitszustand, den gleichzeitig abnehmenden Energieverbrauch durch die bessere Atemleistung sowie die Verabreichung von Glukokortikoiden zurück. Es wurde eine mittlere Gewichtszunahme von rund 10 % im ersten postoperativen Jahr beobachtet, welche in einer Erhöhung des BMI von etwa 2,3 kg/m^2 resultiert. Untersucht wurden 826 Lungentransplantierte von 12 internationalen Transplantationszentren. Eine Steigerung des Körpergewichtes zeigte sich in allen Gruppen, am höchsten war sie jedoch bei Patienten mit obstruktiven und eitrigen Lungenerkrankungen, wie der Cystischen Fibrose. Jüngere Organempfänger zeigten nach dem Eingriff außerdem eine höhere Gewichtszunahme als ältere. Mangelernährte Patienten – häufig CF-Betroffene – erreichen nach der Transplantation einen akzeptablen Gewichts- und Ernährungsstatus und können diesen auch langfristig halten. Bei Patienten mit normalem oder erhöhtem Ausgangsgewicht dagegen führt die Operation häufig zu Übergewicht. Limitiert wird die Zunahme an Körpergewicht häufig durch die bei CF-Patienten auch nach der Lungentransplantation weiterhin bestehende exokrine Pankreasinsuffizienz.

Weitere Studien (Ulivieri et al. 2002, Van den Ham et al. 2000, Hussaini et al. 1998) zeigten, dass die Erhöhung des Körpergewichtes nach einer Organtransplantation primär an einer Steigerung der Körperfettmasse liegt (vgl. Singer et al. 2003, 896ff).

4.2 Auswirkung der Immunsuppression auf die Ernährung

> „*Die Immunsuppression ist essenziell für den Erfolg nach Transplantationen aller soliden Organe.*" (Krukemeyer 2006, 160)

Als Immunsuppression wird die Unterdrückung oder Abschwächung der körpereigenen Immunreaktion durch chemische oder biologische Substanzen bzw. durch ionisierende Strahlen bezeichnet. Diese Form der Therapie wird zur Verhinderung bzw. Abschwächung der Organabstoßung nach Transplantationen sowie bei Autoimmunerkrankungen durchgeführt (vgl. Reuter 2004, 1020).

Die Standardimmunsuppression nach einer Lungentransplantation besteht in der Regel aus einer Dreifachkombination aus Kortikosteroiden, antiproliferativen Medikamenten (Azathioprin oder Mycophenolatmofetil) und Kalzineurininhibitoren (Ciclosporin oder Tacrolimus). Um Nebenwirkungen gering zu halten und Über- oder Unterdosierungen zu vermeiden, muss diese Therapie genau überwacht werden. Bedingt durch die oft schlechte Resorption schwanken die Spiegel der immunsuppressiven Medikamente besonders bei CF-Patienten oft beträchtlich und es werden höhere Dosen benötigt als bei anderen Patienten. Weiters ist zu beachten, dass zahlreiche Medikamente und Nahrungsmittel die Spiegel der Immunsuppressiva – vor allem den von Ciclosporin – erheblich beeinflussen (vgl. Dockter/Lindemann 2000, 90/Reinhardt et al. 2001, 504).

Die Wirkungsspektren der einzelnen immununterdrückenden Substanzen sowie die Medikamenteninteraktionen überschreiten den Rahmen dieser Arbeit und werden daher nicht näher ausgeführt. Die möglichen Wechselwirkungen mit Nahrungsmitteln sowie weitere ernährungsrelevante Aspekte, welche im Rahmen der immunsuppressiven Therapie zu beachten sind, werden im Folgenden eingehend betrachtet.

4.2.1 Interaktion mit Nahrungsmitteln

Wie oben erwähnt, interagieren einige Lebensmittel mit verschiedenen immunsuppressiven Wirkstoffen. Dementsprechend werden die Auswahl sowie der Zeitpunkt der Nahrungsaufnahme von Transplantationspatienten teilweise beeinflusst.

Bereits geringe Mengen an Zitrusfrüchten – vor allem an Grapefruit – führen zu einem Anstieg der Kalzineurininhibitoren-Spiegel. Auf den Genuss dieser Lebensmittel soll daher verzichtet werden. Eine Ausnahme stellen hier grundsätzlich die Orangen dar, die Aufnahme großer Mengen an Orangen bzw. Orangensaft ist jedoch in einzelnen Fällen auch als bedenklich einzustufen.

Milchprodukte nehmen Einfluss auf die intestinale Resorption der Immunsuppressiva und sind daher zwei Stunden vor und nach der jeweiligen Medikamenteneinnahme zu vermeiden (vgl. Krukemeyer 2006, 305f).

Weiters sollte auf Alkohol wegen der Absenkung der Kalzineurininhibitoren-Spiegel verzichtet werden (vgl. Altenburg 2006, 284).

4.2.2 Keimreduzierte Ernährung

Nach wie vor wird die Frage diskutiert, ob eine keimarme Diät nach einer Organtransplantation den Patienten Sicherheit bietet oder ob eine derartige Ernährungsform nur eine zusätzliche Belastung darstellt.

In der Literatur finden sich hierzu unterschiedliche Empfehlungen. Einige Transplantationszentren raten, unmittelbar postoperativ für die Dauer von etwa 2 bis 3 Monaten auf eine streng keimreduzierte Kost zur Vermeidung einer Pilzinfektion zu achten. In anderen Zentren dagegen liegt der Schwerpunkt vor allem auf dem Einsatz hygienisch einwandfreier Lebensmittel, einem Höchstmaß an Küchenhygiene sowie der Vermeidung von Salmonellen (vgl. Altenburg 2006, 283/Reinhardt et al. 2001, 515).

Grundsätzlich wird jedoch nach einer Lungentransplantation der Verzicht folgender Nahrungsmittel angeraten, da diese ein hohes Risiko einer Kontamination mit Keimen aufweisen:

- rohes oder halbgegartes Fleisch (z.B. Beef tatar, Carpaccio, Roastbeef, Steak, ...)

- nicht voll durchgegartes Geflügel
- roher Fisch (z.B. Sushi, Sashimi, Austern, ...)
- rohe oder halbgegarte Eier (z.B. Tiramisu, Schaumrollen, selbst zubereitete Mayonnaise, weiche Eier, Spiegeleier, ...)

Vorsicht ist des Weiteren geboten bei Rohwürsten, Rotschmiere- oder Schimmelpilzkäse, Rohmilchprodukten und probiotischen Milchprodukten, rohem Obst und Gemüse, rohen Nüssen sowie nicht verkochten Kräutern und Gewürzen (vgl. Altenburg 2006, 284/Krukemeyer 2006, 306).

In jedem Fall steht die Minimierung der postoperativen Infektionsgefahr im Mittelpunkt, die Beachtung aller hygienischen Kriterien ist daher oberstes Gebot und muss auch Teil der Ernährungsberatung durch den Diätologen oder die Diätologin sein.

4.2.3 Nephrotoxizität

Die renalen Nebenwirkungen von Ciclosporin umfassen sowohl die akute Nierenfunktionseinschränkung als auch die chronische Toxizität und bedürfen besonderer Beachtung. Insbesondere muss sehr genau beobachtet werden, ob die Harnausscheidung des Patienten sinkt oder das Serumkreatinin auf über 200 µmol/l ansteigt.
Die Nephrotoxizität von Ciclosporin ist jedoch nicht allein dosisabhängig, sondern wird auch von anderen Faktoren – wie dem Hydratationszustand – mitbestimmt. Es ist daher essentiell, täglich mindestens zwei Liter Trinkflüssigkeit zuzuführen. An heißen Tagen sowie bei Infektionen, Diarrhoe oder Erbrechen muss die Flüssigkeitsmenge weiter erhöht bzw. nötigenfalls parenteral zugeführt werden, um eine frühzeitige Verschlechterung der Nierenfunktion zu verhindern. Weiters ist in diesen Situationen auch die Kochsalzzufuhr entsprechend anzugleichen. Hyponatriämien stellen häufig den Grund von postoperativ auftretenden Krampfanfällen dar (vgl. Reinhardt et al. 2001, 504f).
Bei bestehender Niereninsuffizienz muss auf eine phosphatarme, eiweißreduzierte sowie kaliumreduzierte Kost geachtet werden. Dies stellt bei Berücksichtigung der gleichzeitig meist notwendigen hochkalorischen Ernährung eine besondere diätetische Herausforderung dar (vgl. Reinhardt et al. 2001, 515).

4.2.4 Mangelnde Absorption

Besonders bei CF-Patienten ist häufig eine ungleichmäßige Resorption des immunsuppressiven Wirkstoffes Ciclosporin zu beobachten. Der Grund dafür liegt neben der schwankenden Passage durch den Gastrointestinaltrakt darin, dass Ciclosporin als hydrophobes Antibiotikum, welches auf öligem Substrat basiert, durch Mizellen resorbiert wird und deren Absorption bei CF-Patienten reduziert ist.
Die Bioverfügbarkeit aller Ciclosporin-Präparate wird durch Pankreasenzyme verbessert. Daher ist weiterhin eine adäquate Enzymsubstitution (siehe Kapitel 2.2.2) sowohl zu den entsprechenden fetthaltigen Mahlzeiten als auch zur Einnahme der immunsuppressiven Medikamente erforderlich (vgl. Krukemeyer 2006, 161/Reinhardt et al. 2001, 504f).
Die Pankreasenzymtherapie muss so rasch als möglich nach der Lungentransplantation wieder begonnen werden (vgl. Hadjiliadis 2007, 1228).

4.2.5 Diabetes mellitus

Einzelne Immunsuppressiva – insbesondere Tacrolimus und Steroide – verursachen bei rund 20 bis 25 % aller CF-Patienten nach einer Lungentransplantation die Entstehung eines Diabetes mellitus (vgl. Krukemeyer 2006, 306).
Um diabetische Folgeschäden zu vermeiden, ist eine optimale Blutzuckereinstellung durch Insulinsubstitution zu gewährleisten. Eine intensivierte Insulintherapie ist dabei das Mittel der Wahl, da diese die höchste Flexibilität in der Gestaltung des Tagesablaufes zulässt. Oralen Antidiabetika kommen dagegen bei der Einstellung des Blutzuckers nach einer CF-Lungentransplantation nur eine untergeordnete Bedeutung zu (vgl. Reinhardt 2004, 985/Reinhardt et al. 2001, 516).
Die medikamentöse Therapie muss an die bei CF auch nach der Lungentransplantation notwendige hochkalorische fett- und kohlenhydratreiche Kost angepasst werden (vgl. Hirche/Wagner 2008, 34).

4.2.6 Osteoporose und Osteopenie

Die Osteoporose stellt bei lungentransplantierten CF-Patienten ein vorrangiges medizinisches Problem dar. Sie ist bereits vor der Transplantation durch Immobilisation, unzureichende Vitamin D- und Kalziumresorption sowie der Gabe von Kortikosteroiden vorgebahnt.

Dementsprechend weisen die Knochen von CF-Patienten häufig eine veränderte Architektur und eine reduzierte Kalkdichte auf.
Die nach Lebertransplantationen beobachtete Besserung der Osteopenie gilt nicht für Lungentransplantationen. Eher setzt sich hier in der Phase unmittelbar nach dem Eingriff eine beschleunigte Knochenresorption fort. Nach der Operation sind die Patienten einem hohen Risiko weiteren Knochenmasseverlustes ausgesetzt. In vielen Fällen verschlimmert sich die Osteoporose und manifestiert sich durch typische Frakturen der Rippen oder Wirbelkörper – bedingt durch den verstärkten Einsatz von Kortikosteroiden und Kalzineurininhibitoren.
Therapeutische Möglichkeiten bestehen in der Anwendung von Vitamin D und Kalzium, deren Substitution mittlerweile in jedem Transplantationszentrum zur Routine gehören muss. Mehrere Studien – darunter Hadjiliadis (2007) und Conway et al. (2004) – zeigten, dass durch eine hochdosierte Kalzium- und Vitamin D-Supplementierung bei gleichzeitiger Gabe von Biphosphonaten unmittelbar nach der Lungentransplantation eine Erhaltung bzw. Verbesserung der Knochendichte erzielt werden kann (vgl. Hadjiliadis 2007, 1228/Conway et al. 2004, 702/Reinhardt et al. 2001, 514f).
Weiters ist die Möglichkeit der Anwendung von Kalzitonin zu überlegen, wobei hierzu bisher jedoch keine evidenzbasierten Studien vorliegen (vgl. Reinhardt et al. 2001, 515).

Das gesamte Ausmaß der möglicherweise auftretenden Nebenwirkungen der gängigen immunsuppressiven Therapie ist in Tabelle 5 im Überblick ersichtlich:

Immunsuppressivum	Nebenwirkungen
Ciclosporin	Nephrotoxizität: erniedrigte renale Perfusion, Hyperkaliämie, Magnesiumverlust Neurotoxizität: Krampfanfälle, Kopfschmerzen, Tremor Hepatotoxizität: Cholestase Weitere: Lichtempfindlichkeit, Hypertriglyzeridämie, Hypertension, Hirsutismus, erhöhtes Risiko von malignen Erkrankungen, Zahnfleischhyperplasie
Tacrolimus	Ähnlich wie Ciclosporin außer Hirsutismus und Zahnfleischhyperplasie, möglicherweise erhöhtes Risiko von Pilzinfektionen, weniger hypertensiv, Diabetes mellitus
Azathioprin	Knochenmarksdepression, Pankreatitis, Hepatotoxizität
Mycophenolatmofetil	Diarrhoe, Leukozytopenie, möglicherweise erhöhtes Risiko von Zytomegalieinfektion
Kortikosteroide	Glukoseintoleranz, Osteoporose, peptische Ulcera, Katarakt, Hypertonie, Psychose, periphere Ödeme, Morbus Cushing

***Tabelle 5**: Mögliche Nebenwirkungen der Immunsuppression (vgl. Reinhardt et al. 2001, 505)*

4.3 Weitere ernährungsrelevante Aspekte nach der Transplantation

Neben den zahlreichen Folgen der Immunsuppression sind auch weitere ernährungsrelevante Aspekte nach einer CF-Lungentransplantation zu berücksichtigen. Besonders hervorzuheben sind hierbei der gastroösophageale Reflux (GÖR) sowie das distale intestinale Obstruktionsyndrom (DIOS).

4.3.1 Gastroösophagealer Reflux

Das Bronchiolitis-obliterans-Syndrom (BOS) ist eine der Hauptursachen für Morbidität und Mortalität nach Lungentransplantationen. Gastroösophagealer Reflux wiederum gilt als entscheidender Faktor für die Entstehung eines BOS (vgl. Benden et al. 2005, 68).

Das BOS ist die chronische Form einer Bronchiolenentzündung als Folge einer akuten Bronchiolitis oder im Rahmen einer Abstoßungsreaktion nach einer Lungentransplantation. Die fortschreitende Zerstörung der Bronchiolenschleimhaut und die Obstruktion des Lumens durch fibröses Gewebe führen zu einer progredienten Verkleinerung der Sauerstoffaustauschfläche (vgl. Reuter 2004, 302).

Young et al. (2003) berichteten über einen signifikanten Anstieg von GÖR nach Lungentransplantationen. Untersucht wurden 23 Organempfänger mit einem mittleren Alter von 51,5 Jahren. Die Patienten erhielten generell eine postoperative Immunsuppression mit Cyclosporin A bzw. Tacrolimus, Azathioprine und Kortikosteroiden. 77,8 % der Patienten nach bilateraler Transplantation sowie 80 % der Patienten nach Einzellungentransplantation entwickelten einen postoperativen GÖR, der jedoch bei einem Großteil der Betroffenen asymptomatisch verlief (vgl. Young et al. 2003, 1690ff).

Eine andere Studie von Benden et al. (2005) untersuchte die Prevalenz von GÖR bei Kindern nach Lungentransplantationen. Die Studienpopulation umfasste alle pädiatrischen Patienten des Great Ormond Street Hospital for Children in London, die von Anfang Januar 2003 bis Ende Mai 2004 eine einseitige bzw. doppelseitige Lungentransplantationen oder eine kombinierte Herz-Lungen-Transplantationen erhielten. Eingeschlossen waren somit 10 Patienten mit einem mittleren Alter von 14,3 Jahren. Neun davon hatten CF, einer hatte sich bereits vor der Transplantation einer Fundoplicatio nach Nissen unterzogen. Obwohl keiner der Studienteilnehmer Symptome der Refluxerkrankung zeigte, wiesen nach einer pH-Wert-Testung 20 % einen schweren GÖR, 50 % einen moderaten GÖR und weitere 20 % einen milden GÖR auf. Ein Teilnehmer litt nicht unter GÖR, dies war der Patient mit der Fundoplicatio. Dementsprechend geht aus dieser Studie eine hohe Prevalenz von gastroösophagealem Reflux bei Kindern nach Lungen- und Herz-Lungen-Transplantationen hervor. Interessanterweise wurde bei allen Patienten mit zumindest einem Ereignis einer akuten Organabstoßung ein moderater bis schwerer GÖR beobachtet.

Die Gründe für den postoperativen GÖR führen Benden et al. unter anderem auf die Effekte der Immunsuppression auf die Funktion des unteren Ösophagusspinkters, Veränderungen des intraabdominellen Drucks sowie eine mögliche Verletzung oder Dysfunktion des Nervus vagus zurück.

Weitere Studien (Palmer et al. 2000, Davis et al. 2003) lassen darauf schließen, dass eine Fundoplicatio bei Transplantatempfängern, welche unter gastroösophagealem Reflux leiden, mit einer Verbesserung der Lungenfunktion einhergeht. Demnach konnte bei 80 % der Betroffenen, bei denen eine Fundoplicatio durchgeführt wurde, ein signifikanter Anstieg des FEV_1 beobachtet werden. Weiters zeigen operativ behandelte Patienten mit GÖR ein besseres Überleben als unbehandelte Organempfänger (vgl. Benden et al. 2005, 68ff).

Die bevorzugte Therapiemethode eines bestehenden GÖR bei lungentransplantierten CF-Patienten stellt die Fundoplicatio nach Nissen dar. Bei diesem Eingriff, welcher laparoskopisch durchgeführt wird, handelt es sich um eine manschettenartige Ummantelung des Mangenfundus um die untere Speiseröhre. Eine Fundoplicatio führt in mehr als 90 % der Fälle zu einer effektiven und dauerhaften Refluxverhütung. Die Gabe von H2-Rezeptor-Antagonisten und Protonenpumpen-Inhibitoren dagegen erlaubt auch weiterhin eine mögliche Aspiration und ist daher nicht das Mittel der Wahl (vgl. Benden et al. 2005, 71/Reuter 2004, 729).

Der zur Vermeidung eines Refluxes erforderliche Tonus des unteren Ösophagusspinkters ist auch von der Art und Menge der zugeführten Nahrung abhängig. Ernährungstherapeutische Möglichkeiten, einem GÖR entgegenzuwirken bzw. die Beschwerden zu vermindern, sind daher (vgl. Kasper 2004, 558):

- mehrere kleine, eiweißreiche Mahlzeiten über den Tag verteilt einnehmen, da Protein den Tonus des unteren Ösophagus steigert
- Säurelocker (d.h. sehr süße, scharf gewürzte und saure Speisen) vermeiden
- den Genuss von alkoholischen sowie koffeinhältigen Getränken meiden bzw. reduzieren
- individuelle Unverträglichkeiten berücksichtigen
- nicht direkt nach den Mahlzeiten hinlegen

4.3.2 Gastrointestinale Komplikationen

Viele lungentransplantierte CF-Patienten leiden nach dem Eingriff unter gastrointestinalen Beschwerden. Mit einer Inzidenz von rund 20 % stellt das distale intestinale Obstruktionssyndrom (DIOS) die häufigste postoperative Komplikation dar. Die Therapie eines DIOS folgt den konservativen Regeln wie bei nicht transplantierten Patienten. Hohe

Trinkmengen in Form von Elektrolytlösungen führen in den meisten Fällen zum Erfolg. Auch der Einsatz von osmotischen Laxantien – wie etwa Laktulose – und ballaststoffreicher Ernährung ist sinnvoll. Alle Behandlungsmethoden, die ein DIOS provozieren können – zum Beispiel Analgetika mit Morphin – müssen sofort abgesetzt werden. Entscheidend ist es, die Frühsymptome eines DIOS zu erkennen und dadurch dem Vollbild des Syndroms, welches eine hohe Letalität aufweist, vorzubeugen
In einer Untersuchung von Gilljam et al. (2003) wurden folgende weitere gastrointestinale Komplikationen im postoperativen Verlauf nach CF-Lungentransplantationen beobachtet: Cholelithiasis, peptische Ulcera, Kolonkarzinom sowie biliäre Zirrhose (vgl. Gilljam et al. 2003, 38ff/Reinhardt et al. 2001, 516f).

Hier ist eine enge Zusammenarbeit zwischen den einzelnen Fachdisziplinen gefordert, um CF-abhängige Komplikationen nach einer Lungentransplantation zu diagnostizieren und entsprechend zu therapieren.

4.4 Möglichkeiten der Energieanreicherung

CF-Patienten weisen einen um rund 20 bis 50 % erhöhten Energiebedarf gegenüber gesunden Gleichaltrigen auf. Dieser erhöhte Bedarf sollte primär über eine Anreicherung der Normalkost mit häuslichen Mitteln gedeckt werden. Um die Energiedichte der Mahlzeiten zu erhöhen, eignet sich vor allem Fett. Insbesondere pflanzliche Fette (z.B. Rapsöl, Sojaöl, Leinöl, Walnussöl, Olivenöl, ...) müssen großzügiger eingesetzt werden. Erwünscht ist auch die häufige Aufnahme kalorienreicher Zwischenmahlzeiten – etwa in Form von Nüssen, Chips, Eiscreme oder Ähnlichem. Weitere Beispiele für eine Energieanreicherung der Mahlzeiten sind (vgl. Hirche/Wagner 2008, 38f/Reinhardt et al. 2001, 481):

- Aufstrichfett großzügig verwenden (z.B. Butter, Margarine, Schmalz, ...)
- Nudeln/Reis in Öl schwenken
- Salate mit Pinienkernen oder Nüssen bestreuen
- Müsli mit Obst, Nüssen und Sahnejoghurt zubereiten
- Studentenfutter oder Sesamriegel als Zwischenmahlzeit anbieten
- Obstsalat mit Nüssen und/oder Eiscreme und Sahne anrichten

- Sahnepudding statt Pudding aus Vollmilch einsetzen
- Kartoffelpüree mit Sahne statt mit Milch zubereiten
- Bratkartoffeln und Kartoffelgratin statt Salzkartoffeln einsetzen
- Gemüseauflauf mit Käse und Sahne anstatt gedünstetem Gemüse als Beilage bevorzugen
- Rohkost mit diversen kalorienreichen Dips (z.B. Avokadocreme, Kräuterrahm, ...) anstatt reiner Rohkost anbieten

Werden die häufig sehr hohen Fettmengen nicht toleriert, kommen zusätzliche Fett- oder Kohlenhydratsupplemente (z.B. Calogen®, Maltodextrin® oder Nutrical®) bzw. kombinierte Präparate (z.B. Duocal®) zum Einsatz. Diese geschmacksneutralen flüssigen oder pulverisierten Produkte sind gut löslich und können in heiße und kalte Flüssigkeiten oder Cremespeisen eingerührt werden.
Weiters bieten auch fertige Zusatztrinknahrungen, die in diversen Geschmacksrichtungen erhältlich sind, eine Alternative (vgl. Medical Tribune 2005b).
Die wichtigste Anforderung an eine solche Nahrung ist, dass sie dem Patienten schmecken soll. Darüber hinaus ist es wichtig, darauf aufmerksam zu machen, dass es sich bei der Zusatztrinknahrung tatsächlich um einen Zusatz handelt – und nicht um den Ersatz einer Mahlzeit (vgl. Hirche/Wagner 2008, 39).
In der Regel werden selbst zubereitete Mahlzeiten den kommerziell erhältlichen Zusatznahrungen geschmacklich vorgezogen. Aus praktischen Überlegungen (handliche Packungsgrößen, keine Zubereitungszeit, etc.) erfreuen sich allerdings auch die in der Zwischenzeit in großer Auswahl und verschiedensten Geschmacksrichtungen erhältlichen Supplementnahrungen zunehmender Beliebtheit. Untersuchungen zeigten, dass die Substitution von energiereichen Trinknahrungen bei CF-Patienten die Gesamtenergiezufuhr sowie das Körpergewicht signifikant erhöht. Jedoch wurde weiters beobachtet, dass die Compliance bei lang andauernder Zufuhr über Monate oder Jahre hinweg nicht immer gut ist (vgl. Reinhardt et al. 2001, 481).

Eine abwechslungsreiche Alternative zu herkömmlichen Zwischenmahlzeiten oder industriell gefertigten Trinknahrungen bieten diverse energiedichte Mixgetränke, die sehr einfach in den verschiedensten Geschmacksrichtungen selbst zubereitet werden können. Einige Beispiele hierfür sind:

- Schoko-Bananen-Shake
- Schwarzwälder-Kirsch-Shake
- Apfelstrudel-Shake
- Pfirsich-Melba-Shake
- Beerentraum
- Pina y Coco (Ananas-Kokos)
- Fruchtiger Hafershake
- Mango-Lassi
- Heidelbeer-Soja-Shake
- Walnuss-Birnen-Shake

Die Zutaten sowie die Energie- und Nährstoffberechnungen einer Auswahl der oben genannten hochkalorischen Shake-Getränke sind im Anhang dieser Arbeit ersichtlich.

Obwohl eine Lungentransplantation bei Cystischer Fibrose in den meisten Fällen zu einem verbesserten Ernährungsstatus sowie einer längeren Lebenserwartung führt, ist eine engmaschige Überwachung des Ernährungszustandes sowie der zahlreichen postoperativ auftretenden Komplikationen ein zentraler Aspekt in der Betreuung von lungentransplantierten CF-Patienten (vgl. Dosanjh 2002, 390).

Mediziner sowie Diätologen stehen hier vor einer besonderen Herausforderung und sind zu einer engen Zusammenarbeit angehalten. Neben Berücksichtigung aller möglicherweise vorhandenen oben genannten Faktoren nach einer CF-Lungentransplantation müssen weiters auch die individuellen Wünsche des Erkrankten ganz im Vordergrund jeder diätetischen Beratung stehen.

5 Zusammenfassung

In der Einleitung wurde die zentrale Frage gestellt, inwiefern gezielte ernährungstherapeutische Interventionen nach Lungentransplantationen bei Patienten mit Cystischer Fibrose notwendig sind.

Die Lungentransplantation bei CF stellt aus verschiedenen Gründen eine besondere Herausforderung dar. Die prä- und postoperative Betreuung erfordert eine enge Zusammenarbeit zwischen den einzelnen Fachdisziplinen. Auch birgt der Eingriff nach wie vor große Risiken und zahlreiche möglicherweise postoperativ auftretende Komplikationen.
Die Studien zeigen deutlich, dass ernährungstherapeutische Maßnahmen durch einen Diätologen oder eine Diätologin in der Betreuung von lungentransplantierten CF-Patienten einen bedeutenden Faktor darstellen.

Für die diätologische Praxis ergeben sich aus der vorliegenden Arbeit daher folgende Zielsetzungen für eine ernährungsmedizinische Beratung von lungentransplantierten CF-Patienten:

- Erreichen bzw. Stabilisieren eines ausreichenden Körpergewichtes durch eine hohe Energiedichte der zugeführten Nahrung
- Vermeidung bzw. Minimierung des postoperativen Infektionsrisikos durch eine keimreduzierte Ernährung
- Zufuhr einer ausreichenden Trinkmenge zur Prävention einer Niereninsuffizienz bzw. Einhaltung einer phosphatarmen, eiweißreduzierten und kaliumreduzierten Kost bei bestehender Niereninsuffizienz
- Vorbeugung der Manifestation bzw. Verschlimmerung einer Osteoporose durch unterstützende Vitamin D- und Kalziumzufuhr
- gegebenenfalls eine gute Einstellung des Diabetes mellitus durch Insulintherapie
- adäquate Pankreasenzymsubstitution
- Vermeidung bzw. Ausgleich von eventuellen Mangelerscheinungen durch generelle Supplementation von fettlöslichen Vitaminen oder entsprechender gezielter Substitution weiterer Mikronährstoffe

- Prävention der Entwicklung bzw. Verschlimmerung eines postoperativ auftretenden GÖR durch entsprechende diätetische Maßnahmen sowie
- Zufuhr einer ballaststoffreichen Kost und ausreichend Flüssigkeit zur Vorbeugung bzw. Therapie eines bereits bestehenden postoperativen DIOS

Nach Prüfung der gesammelten Erkenntnisse kann zusammenfassend gesagt werden, dass die Prognose und Überlebenszeit von CF-Betroffenen nach einer Lungentransplantation wesentlich von deren Ernährungszustand – sowohl in der prä- als auch in der postoperativen Phase – mitbestimmt wird. Dieser ist wiederum abhängig von zahlreichen Faktoren. Gezielte ernährungstherapeutische Interventionen scheinen daher einen zentralen Stellenwert in der Betreuung von lungentransplantierten CF-Patienten einzunehmen und sind dringend anzuraten.

Literaturverzeichnis

Altenburg, Angela (2006): Mukoviszidose und Transplantation: Worauf muss diätetisch nach einer Transplantation Rücksicht genommen werden? in: Ernährungsumschau; Volume 53; Heft 7; 283-284.

Aurora, Paul (2007): Lung transplantation for cystic fibrosis in: Journal of the Royal Society of Medicine; Volume 100; Supplement 47; 46-52.

AWMF – Arbeitsgemeinschaft der Wissenschaftlichen Medizinischen Fachgesellschaften (2005): Mukoviszidose (Cystische Fibrose): Ernährung und exokrine Pankreasinsuffizienz; http://www.uni-duesseldorf.de/AWMF/ll/068-020.htm (11.03.2009).

Back, Evelyn et al. (2004): Antioxidant deficiency in cystic fibrosis: when is the right time to take action? in: The American Journal of Clinical Nutrition; Volume 80; 374-384.

Benden, Christian et al. (2005): High Prevalence of Gastroesophageal Reflux in Children After Lung Transplantation in: Pediatric Pulmonology; Volume 40; 68-71.

Borowitz, Drucy et al. (2002): Consensus Report on Nutrition for Pediatric Patients With Cystic Fibrosis in: Journal of Pediatric Gastroenterology and Nutrition; Volume 35; 246-259.

Christie, Jason D. et al. (2008): Registry of the International Society for Heart and Lung Transplantation: Twenty-fifth Official Adult Lung and Heart/Lung Transplantation Report – 2008 in: The Journal of Heart and Lung Transplantation, Volume 27; 957-969.

Conway, S. et al. (2004): Effect of oral bisphosphonates on bone mineral density and body composition in adult patients with cystic fibrosis: a pilot study. in: Thorax; Volume 59; 699-703.

D_A_CH-Verband (2001): Referenzwerte für die Nährstoffzufuhr; 1. Auflage; Umschau Braus GmbH; Frankfurt.

Dockter, Gerhard/Lindemann, Hermann (2000): Mukoviszidose; 3. Auflage; Georg Thieme Verlag; Stuttgart.

Dosanjh, D. (2002): A review of nutritional problems and the cystic fibrosis lung transplant patient in: Pediatric Transplantation; Volume 6; 388-391.

Eichler, Irmgard/Stöckler-Ipsiroglu, Sylvia (2001): Neugeborenenscreening auf Zystische Fibrose (CF) in: Monatsschrift Kinderheilkunde; Volume 149; 12; 1311-1318.

Gerbase, Margaret W. et al. (2005): Health-Related Quality of Life Following Single or Bilateral Lung Transplantation in: Chest; Volume 128; 1371-1378.

Gilljam, Marita et al. (2003): GI Complications After Lung Transplantation in Patients With Cystic Fibrosis in: Chest; Volume 123; 37-41.

Hadjiliadis, Denis (2007): Special Considerations for Patients With Cystic Fibrosis Undergoing Lung Transplantation in: Chest; Volume 131; 1224-1231.

Hartig, Wolfgang et al. (2004): Ernährungs- und Infusionstherapie; Standards für Klinik, Intensivstation und Ambulanz; 8. Auflage; Georg Thieme Verlag; Stuttgart.

Hirche, Tim/Wagner, Thomas (2008): Update Mukoviszidose; Band 1. Ernährung, Georg Thieme Verlag; Stuttgart.

Kasper, Heinrich (2004): Ernährungsmedizin und Diätetik; 10. Auflage; Urban & Fischer Verlag; München.

Koletzko, Berthold (2007): Kinder- und Jugendmedizin; 13. Auflage; Springer Medizin Verlag; Heidelberg.

Krukemeyer, Manfred G. (2006): Transplantationsmedizin: Ein Leitfaden für den Praktiker; Walter de Gruyter GmbH & Co KG; Berlin.

Lentze, Michael J. et al. (2003): Pädiatrie; Grundlagen und Praxis; 2. Auflage; Springer-Verlag; Berlin-Heidelberg.

Madill, Janet et al. (2001): Nutritional Assessment of the Lung Transplant Patient: Body Mass Index as a Predictor of 90-Day Mortality Following Transplantation in: The Journal of Heart and Lung Transplantation; Volume 20, 288-296.

McKarney et al. (2009): Omega-3 fatty acids (from fish oils) for cystic fibrosis (Review); The Cochrane Library; Issue 1.

Medical Tribune (2005a): Therapie der Mukoviszidose: Sorgenkinder werden erwachsen; http://www.medical-tribune.at/dynasite.cfm?dsmid=63128&dspaid=478908; (01.10.2008).

Medical Tribune (2005b): Ernährung bei Mukoviszidose; http://www.medical-tribune.at/dynasite.cfm?dsmid=63328&dspaid=481461; (01.10.2008).

Ramsey et al. (1992): Nutritional assessment and management in cystic fibrosis: A consensus report in: The American Journal of Clinical Nutrition; Volume 55; 108-116.

Reinhardt, Dietrich (2004): Therapie der Krankheiten im Kindes- und Jugendalter; 7. Auflage; Springer-Verlag; Berlin-Heidelberg.

Reinhardt, Dietrich (2001): Cystische Fibrose; Springer-Verlag; Berlin-Heidelberg.

Reuter, Peter (2004): Springer Lexikon Medizin; Springer-Verlag; Berlin-Heidelberg.

Sinaasappel, M. (2002): Nutrition in patients with cystic fibrosis: a European Consensus in: Journal of Cystic Fibrosis; Volume 1; 51-75.

Singer, Lianne G. et al. (2003): Weight Gain After Lung Transplantation in: The Journal of Heart and Lung Transplantation; Volume 22; 894-902.

Sitzmann, Friedrich Carl (2007): Pädiatrie; 3. Auflage; Georg Thieme Verlag; Stuttgart.

Stern, Martin et al. (2007): Qualitätssicherung Mukoviszidose; Überblick über den Gesundheitszustand der Patienten in Deutschland 2005; Medizinisch Wissenschaftliche Verlagsgesellschaft; Berlin.

Young, Lisa R. et al. (2003): Lung Transplantation Exacerbates Gastroesophageal Reflux Disease in: Chest, Volume 124; 1689-1693.

Anhang

Patienten mit Cystischer Fibrose weisen einen um rund 20 bis 50 % erhöhten Energiebedarf gegenüber gesunden Gleichaltrigen auf. Dieser erhöhte Bedarf sollte primär über eine Anreicherung der Normalkost mit häuslichen Mitteln gedeckt werden.

Eine abwechslungsreiche attraktive Alternative zu herkömmlichen Zwischenmahlzeiten oder industriell gefertigten Trinknahrungen bieten diverse energiedichte Mixgetränke, die sehr einfach in den verschiedensten Geschmacksrichtungen selbst zubereitet werden können.

Die folgenden Rezepturen für hochkalorische Shakes verstehen sich lediglich als Vorschläge für energiereiche Desserts oder Zwischenmahlzeiten und können beliebig verändert bzw. erweitert werden. Die Mengenangaben ergeben jeweils 0,25 Liter fertiges Getränk:

Pina y Coco:

100g Ananas-Fruchtsaft
100g Kokosmilch
50g Schlagobers
25g Maltodextrin 6
5g Rapsöl
5g Kokosflocken

Nährstoffberechnung pro Portion:

410 kcal 2,02 g Eiweiß 23,57 g Fett 47,70 g Kohlenhydrate

Schwarzwälder-Kirsch-Shake:

150g Weichsel Fruchtsaft
50g Schlagobers
20g Schoko-Dessert-Sauce
20g Vanillezucker
20g Weichselkompott

25g Maltodextrin 6

5g Rapsöl

Nährstoffberechnung pro Portion:

545 kcal	2,43 g Eiweiß	20,73 g Fett	85,52 g Kohlenhydrate

Apfelstrudel-Shake:

100g Apfel-Fruchtsaft

70g Buttermilch

50g Apfelmus

30g Nussmus (Walnuss, Haselnuss, ...)

20g Zucker

25g Maltodextrin 6

5g Walnussöl

Zimt nach Belieben

Nährstoffberechnung pro Portion:

541 kcal	6,21 g Eiweiß	24,60 g Fett	73,14 g Kohlenhydrate

Pfirsich-Melba-Shake:

70g Pfirsich-Fruchtsaft

120g Vollmilch

40g Calshake Vanille

50g Pfirsich frisch oder aus der Dose

70g Himbeeren frisch oder tiefgekühlt

25g Maltodextrin 6

5g Rapsöl

Nährstoffberechnung pro Portion:

522 kcal	7,19 g Eiweiß	19,20 g Fett	78,34 g Kohlenhydrate

Beerentraum:

120g Vollmilch
40g Calshake Vanille
100g Beerenobst frisch oder tiefgekühlt
25g Maltodextrin 6
5g Rapsöl
10g Zucker

Nährstoffberechnung pro Portion:

529 kcal	6,38 g Eiweiß	19,21 g Fett	81,52 g Kohlenhydrate

Fruchtiger Hafershake:

100g Vollmilch
30g Hafermark
70g Apfel-Fruchtsaft
50g Pfirsich-Fruchtsaft
30g Himbeeren frisch oder tiefgekühlt
30g Banane
5g Sonnenblumenöl
10g Zucker

Nährstoffberechnung pro Portion:

366 kcal	7,84 g Eiweiß	10,90 g Fett	58,16 g Kohlenhydrate

Schoko-Bananen-Traum:

120g Schokoladenmilch
40g Calshake Banane
70g Banane
20g Schoko-Dessert-Sauce
30g Vanilleeis

25g	Maltodextrin 6
5g	Rapsöl

Nährstoffberechnung pro Portion:

658 kcal	7,84 g Eiweiß	20,40 g Fett	109,18 g Kohlenhydrate

Walnuss-Birnen-Shake:

130g	Birnen-Fruchtsaft
50g	Mascarpone
30g	Walnussmus
30g	Birne
5g	Walnussöl
10g	Zucker

Nährstoffberechnung pro Portion:

574 kcal	5,90 g Eiweiß	44,34 g Fett	39,28 g Kohlenhydrate

Energie- und Nährstoffberechnung

Die Rezepturen der ausgewählten Shake-Getränke wurden mit dem Diätberechnungs-Programm ACON-BKVBLS erfasst. Berechnet wurden dabei die Energie in Kilokalorien sowie die Makronährstoffe Eiweiß, Fett und Kohlenhydrate, jeweils in Gramm.

Menge/Lebensmittel *g*	*GCAL* *kcal*	*EW* *g*	*F* *g*	*KH* *g*
Pina y Coco				
100 Ananas Fruchtnektar	70	0,21	0,06	16,65
100 Kokosmilch	24	0,25	0,40	4,90
50 Sahne 30%Fett	144	1,25	15,00	1,60
25 Maltodextrin	98			24,22
5 Rüböl (Rapsöl)	44		4,95	
5 Kokosnuss Raspeln	30	0,31	3,16	0,32
	410	2,02	23,57	47,70
	410	**2,02**	**23,57**	**47,70**
Schwarzwälder-Kirsch-Shake				
150 Sauerkirsche Fruchtnektar	92	0,43	0,17	20,93
50 Sahne 30%Fett	144	1,25	15,00	1,60
20 Schoko-Dessert-Sauce	68	0,60	0,54	15,00
20 Vanillezucker	81			19,96
25 Maltodextrin	98			24,22
5 Rüböl (Rapsöl)	44		4,95	
20 Sauerkirsche Konserve abgetropft	18	0,15	0,07	3,81
	545	2,43	20,73	85,52
	545	**2,43**	**20,73**	**85,52**
Apfelstrudel-Shake				
100 Apfel Fruchtnektar	64	0,16	0,16	15,30
70 Buttermilch	25	2,24	0,35	2,81
50 Apfelmus (4)	33	0,13	0,15	7,60
30 Nussmus	196	3,68	18,96	3,24
20 Zucker	81			19,96
25 Maltodextrin	98			24,22
5 Walnussöl	44		4,98	
Zimt nach Belieben				
	541	6,21	24,60	73,14
	541	**6,21**	**24,60**	**73,14**

Menge/Lebensmittel	*GCAL*	*EW*	*F*	*KH*
g	*kcal*	*g*	*g*	*g*
Pfirsich-Melba-Shake				
70 Pfirsich Fruchtnektar	42	0,23	0,03	9,99
120 Kuhmilch Trinkmilch vollfett	77	3,96	4,20	5,71
40 Calshake Vanille Pulver	199	1,72	9,76	26,00
50 Pfirsich Konserve abgetropft	38	0,33	0,04	8,90
70 Himbeere tiefgefroren	24	0,95	0,22	3,51
25 Maltodextrin	98			24,22
5 Rüböl (Rapsöl)	44		4,95	
	522	7,19	19,20	78,34
	522	**7,19**	**19,20**	**78,34**
Beerentraum				
120 Kuhmilch Trinkmilch vollfett	77	3,96	4,20	5,71
40 Calshake Vanille Pulver	199	1,72	9,76	26,00
100 Beerenobst frisch	71	0,70	0,30	15,60
25 Maltodextrin	98			24,22
5 Rüböl (Rapsöl)	44		4,95	
10 Zucker	40			9,98
	529	6,38	19,21	81,52
	529	**6,38**	**19,21**	**81,52**
Fruchtiger Hafershake				
100 Kuhmilch Trinkmilch vollfett	64	3,30	3,50	4,76
30 Hafer Schrot	106	3,51	2,13	17,94
70 Apfel Fruchtnektar	45	0,11	0,12	10,71
50 Pfirsich Fruchtnektar	30	0,16	0,02	7,14
30 Himbeere tiefgefroren	10	0,41	0,09	1,50
30 Banane frisch	28	0,34	0,05	6,42
5 Sonnenblumenöl	44		4,99	
10 Maltodextrin	39			9,69
	366	7,84	10,90	58,16
	366	**7,84**	**10,90**	**58,16**

Menge/Lebensmittel	*GCAL*	*EW*	*F*	*KH*
g	*kcal*	*g*	*g*	*g*

Schoko-Bananen-Shake

120 Milcherzeugnis mit Kakao/Schokolade	157	4,03	4,30	25,03
70 Banane frisch	66	0,80	0,13	14,97
20 Schoko-Dessert-Sauce	68	0,60	0,54	15,00
30 Milchspeiseeis Vanille	26	0,69	0,73	3,95
40 Calshake Banane Pulver	199	1,72	9,76	26,00
25 Maltodextrin	98			24,22
5 Rüböl (Rapsöl)	44		4,95	
	658	7,84	20,40	109,18
	658	**7,84**	**20,40**	**109,18**

Walnuss-Birnen-Shake

130 Birne Fruchtnektar	88	0,30	0,16	21,34
50 Creme/Schmand 40 % Fett	186	1,05	20,00	1,00
30 Walnüsse Mus	200	4,40	19,11	3,24
30 Birne frisch	16	0,15	0,09	3,72
5 Walnussöl	44		4,98	
10 Zucker	40			9,98
	574	5,90	44,34	39,28
	574	**5,90**	**44,34**	**39,28**